GESELLSCHAFT für
DEUTSCHLANDFORSCHUNG e.V.

Gerhard
Mercator
Universität
Duisburg

Das Ruhrgebiet
Geographische Exkursionen

Herausgegeben von Prof. Dr. Karl Eckart,
Dr. Oliver Neuhoff und Dr. Erhard Neuhoff
im Auftrage des Ortsausschusses für den
27. Deutschen Schulgeographentag,
Duisburg 2000

Die Deutsche Bibliothek – CIP-Einheitsaufnahme
Das Ruhrgebiet: : geographische Exkursionen / Karl Eckart ... (Hrsg.). –
Gotha ; Stuttgart : Klett-Perthes, 2000
  (Perthes Exkursionsführer)
  ISBN 3-623-00639-4

Titelfoto: Universität Duisburg
(Foto: Pressestelle Gerhard-Mercator-Universität Duisburg)

Quellennachweis:

Karten:
S. 6 / 7: Alexander (Schulatlas), Gesamtausgabe,
Justus Perthes Verlag Gotha 2000, S. 24

Fotos:
Agenda-Büro, Hattingen (Foto 9); Amt für Stadtentwicklung und Wirtschaftsförderung Gelsenkirchen (Foto 12); H. Becker-Baumann, Düsseldorf (Foto 25);
B. Deilmann, Duisburg (Foto 13); J. Herget, Bochum (Foto 28);
Th. Kliem (Foto 30); E. Köhler, Viersen (Foto 27); A. Köllner, Duisburg (Foto 22);
R. Köppen Fotografie, Duisburg (Foto 12); Landwirtschaftskammer Westfalen-Lippe, Münster / W. (Foto 23); E. Lob, Essen (Foto 31); H. Machleidt, Berlin
(Foto 3); Chr. Marquardt, Essen (Foto 20); O. Neuhoff, Mülheim (Fotos 2, 5 – 8,
10, 11, 17); Planungsamt der Stadt Duisburg (Fotos 14 u. 15); H. Schneider,
Düsseldorf (Foto 24); Stadt und Land e. V., Düsseldorf (Foto 21); Stadtwerke
Bochum (Foto 1); Technologiepark Eurotech, Moers (Foto 19); K. Thomé,
Krefeld Foto 26); H.-W. Wehling, Essen (Foto 18); G. Winzig, Essen (Foto 29);
G. Wood, Duisburg (Foto 16)

ISBN 3-623-00639-4
1. Auflage

© Justus Perthes Verlag Gotha GmbH, Gotha 2000
Alle Rechte vorbehalten.
Fotomechanische Wiedergabe nur mit Genehmigung des Verlages.
Druck und buchbinderische Verarbeitung: Offsetdruck Walter GmbH, Oberhausen
Einbandgestaltung: Klaus Martin, Arnstadt, und Uwe Voigt, Erfurt

http://www.klett-verlag.de/klett-perthes

Inhaltsverzeichnis

Vorwort	5
Die physiogeographischen Grundstrukturen des Ruhrgebietes	8
Das Ruhrgebiet im dynamischen Wandlungsprozeß der letzten Jahrzehnte	11
Das Ruhrgebiet im ökonomischen Wandlungsprozeß	14
Das Ruhrgebiet im ökologischen Wandlungsprozeß	23
Das Ruhrgebiet im verkehrsinfrastrukturellen Wandlungsprozeß	28
Das Ruhrgebiet im sozialen und siedlungsstrukturellen Wandlungsprozeß	36
Wirtschaftspolitische Rahmenbedingungen und Maßnahmen	47
Das Ruhrgebiet und die Lokale Agenda 21	61
Ausblick	65
Exkursionen	67

Ausgewählte Ruhrgebietsstädte im sozioökonomischen Strukturwandel

Exkursion 1: Strukturwandel und Stadtentwicklung in Duisburg	68
Exkursion 2: City-Exkursion Duisburg	77
Exkursion 3: Duisburg: Hafen - Stahl - Logistik	84
Exkursion 4: Tendenzen der Stadtentwicklung zwischen De-Industrialisierung und Konsum- und Freizeitorientierung. Das Beispiel Oberhausen	89
Exkursion 5: Bottrop im dynamischen Wandlungsprozeß	97
Exkursion 6: Essen zwischen Ruhr und Emscher: Geographischer Süd-Nord-Schnitt zum städtebaulichen und wirtschaftlichen Wandel	110

Das Ruhrgebiet im Strukturwandel ausgewählter wirtschaftsgeographischer Aspekte
Exkursion 7: Strukturwandel im linken Niederrhein-Revier 117
Exkursion 8: Verkehr und Mobilität im Ruhrgebiet:
Das Beispiel Dortmund 127
Exkursion 9: Landwirtschaft am Großstadtrand 133
Exkursion 10: Die Internationale Bauausstellung (IBA) Emscher
Park: Einzelprojekte im westlichen Ruhrgebiet 138

Das Ruhrgebiet mit seinen Verflechtungen im Umland
Exkursion 11: Landwirtschaftlicher Strukturwandel im
westlichen Münsterland im Spannungsfeld
zwischen Naturausstattung, Marktregulierung
und Globalisierung und im Spannungsfeld
zwischen Ökonomie und Ökologie 143
Exkursion 12: Düsseldorf - eine Global City? – Die Landeshauptstadt als Headquarter-Standort und
regionales Zentrum 150
Exkursion 13: Aktuelle Prozesse des innerstädtischen Strukturwandels in Düsseldorf: Hafenumnutzung und
"riverfront development" 157
Exkursion 14: Sauerland und Südrand des Münsterlandes:
Entstehung der Landschaft auf paläozoischem
und kretazischem Sockel im Quartär und Tertiär 164

Physiogeographische Strukturen und ökologische Probleme im Ruhrgebiet
Exkursion 15: Wasserwirtschaft im Ruhrgebiet 171
Exkursion 16: Entwicklung der Umweltprobleme im Ruhrgebiet 179
Exkursion 17: Die Haldenproblematik im Ruhrgebiet 186

Demonstrationen zur Umsetzung der Lokalen Agenda-21 in Duisburg und Hagen/W.
Exkursion 18: Außerschulische Lernorte: Ingenhammshof 194
Exkursion 19: Agenda 21-Lernorte-Netzwerke der
Gesamtschule Hagen-Haspe 205

Verzeichnis der Abbildungen und Tabellen 211

Ausgewählte Literatur 212

Vorwort

Drastische Strukturveränderungen haben sich in den letzten zwanzig Jahren im Ruhrgebiet vollzogen.

Auf halbtägigen und ganztägigen Exkursionen durch ausgewählte Ruhrgebietsstädte, aber auch in die Randzonen des Ruhrgebietes bringt dieser Exkursionsführer seinen Leser und den "Exkursanten" in die Bereiche, in denen dieser Strukturwandel vor Ort besonders augenfällig wird. Schwerpunkte sind dabei neben physiogeographischen und ökologischen vor allem sozioökonomische Strukturen und Wandlungsprozesse, alle auch ökologisch relevant.

Die Teilnehmer des 27. Deutschen Schulgeographentages (2. – 7. Oktober 2000) in Duisburg haben den allergrößten Teil der Exkursionen erfolgreich erprobt. Den traditionellen "rauchenden Ruhrpott" haben sie dabei kaum noch vorgefunden, aber einen geographischen Raum im außerordentlich dynamischen Wandel. Dieses Erlebnis nachzuvollziehen möge auch den Lesern des vorliegenden Buches mit Erfolg vergönnt sein.

Auch für den vorliegenden Band hat Dipl.-Ing. Harald Krähe wieder alle Graphiken in bester Qualität und größter Zuverlässigkeit erstellt. Ihm sei an dieser Stelle besonders gedankt. Besonderer Dank gilt auch den Herren Oliver Neuhoff und Stephan Schulz für die Umsetzung des gesamten Manuskriptes in die druckfertige Vorlage.

Und schließlich sei dem Verlag Klett-Perthes für die Aufnahme des Manuskriptes in seine Reihe "Exkursionsführer" gedankt.

Karl Eckart, Erhard Neuhoff und Oliver Neuhoff
im Namen des Ortsausschusses zum
27. Deutschen Schulgeographentag
Duisburg, Mai 2000

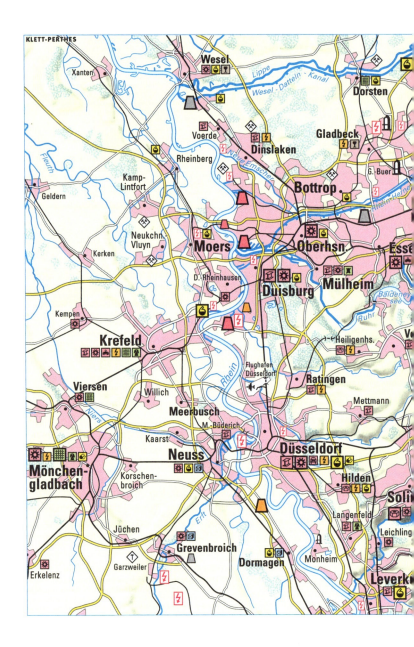

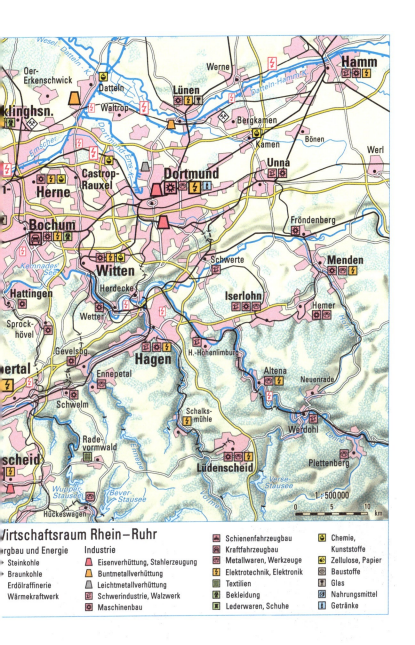

Wirtschaftsraum Rhein–Ruhr

Bergbau und Energie
- Steinkohle
- Braunkohle
- Erdölraffinerie
- Wärmekraftwerk

Industrie
- Eisenverhüttung, Stahlerzeugung
- Buntmetallverhüttung
- Leichtmetallverhüttung
- Schwerindustrie, Walzwerk
- Maschinenbau
- Schienenfahrzeugbau
- Kraftfahrzeugbau
- Metallwaren, Werkzeuge
- Elektrotechnik, Elektronik
- Textilien
- Bekleidung
- Lederwaren, Schuhe
- Chemie, Kunststoffe
- Zellulose, Papier
- Baustoffe
- Glas
- Nahrungsmittel
- Getränke

Die physiogeographischen Grundstrukturen des Ruhrgebietes

K. Eckart / O. Neuhoff

Foto 1: Das Ruhrtal nördlich Bochum-Stiepel mit Brunnengalerie

Das Ruhrgebiet ist kein einheitlicher Naturraum. Es gehört vielmehr drei großen Naturlandschaften an. Im Süden ist es das Rheinische Schiefergebirge, im Norden die Westfälische Tieflandsbucht und im Westen das Niederrheinische Tiefland.

Das zum rheinischen Schiefergebirge gehörende Ruhrtal hat sich über 100 m tief in den Gebirgsnordrand eingeschnitten, so daß es durch steile und felsige Prallhänge geprägt ist. Daneben gibt es jedoch auch flache, lößbedeckte Gleithänge und in den Eiszeiten entstandene Terrassenreste, beckenartige Erweiterungen und schottergefüllte Sohlen. Die Ruhr hat die anstehenden Gesteinsschichten des kohleführenden Karbons des Rheinischen Schiefergebirges freigelegt und damit den Abbau der Steinkohlenflöze ermöglicht.

Einen krassen Gegensatz zum Ruhrtal bildet die nördlich anschließende Hellwegzone, die den südlichen Teil der Westfälischen Tieflandsbucht darstellt. Es handelt sich dabei um eine relativ ebene Fläche, die mit 3 – 5° nach Norden einfällt. Das auffallende Charakteristikum dieses Gebietes ist die bis 12 m mächtige Lößdecke, Ablagerungen aus der Saale- und Weichseleiszeit. Wegen der hohen Fruchtbarkeit der auf Löß entstandenen Böden gab es in diesem Raum bereits am Ende der jüngeren Steinzeit bäuerliche Siedlungen, und schon vor Beginn der Industrialisierung des Ruhrgebiets vor ca. 160 Jahren war der Hellweg eine fruchtbare Kornkammer. Unter dem Löß der Hellwegzone liegen Ablagerungen von Cenoman aus der Oberen Kreidezeit. Als es 1837 erstmals gelang, diese Kreideschichten zu durchstoßen und mit der inzwischen eingeführten Dampfmaschine das Grundwasser zu heben, begann dort der Bau von Zechen. Damit in direktem Zusammenhang steht das dynamische Wachstum der Hellwegstädte Essen, Bochum und Dortmund.

Nach Norden hin schließt sich an die Hellwegzone die Emscherniederung an. Bis auf den Süden von Dortmund ist sie mit dem Emschertal gleichbedeutend. Die Schichten des Oberen Cenoman und Turon, werden in diesem Raum vom Emschermergel überlagert. Die Schmelzwässer der Saaleeiszeit haben in diesem weichen Emschermergel ein 3 – 5 km breites Tal geschaffen. Das sehr geringe Gefälle des Flusses Emscher hatte in der Vergangenheit starke Mäandrierungen zur Folge. Da außerdem Emschermergel über eine große Staufähigkeit verfügt, entstand in der Vergangenheit eine breite Zone von feuchten Bruchwäldern (Erlen und Weiden). Erst als ab 1850 der Bergbau nach Norden in diesen Raum vordrang, entwickelten sich die heutigen Städte Herne, Gelsenkirchen und Oberhausen.

Den Raum beiderseits der Lippe bildet die Lippezone. Es ist die nördlichste Landschaft des Ruhrgebietes. Der typische Niederungsfluß

Lippe ist durch zahlreiche Windungen und eine feuchte, breite Talaue charakterisiert. Zwischen den Städten Hamm und Lünen im Osten wird das besonders deutlich. Um die Stadt Haltern liegen drei Hügellandschaften im Norden des Flußtals: die Haard (156 m NN), die Borkenberge (134 m NN) und die Hohe Mark (145 m NN). Die ursprünglich mit Eichen bewachsenen Hügel wurden um die Wende zum 20. Jahrhundert planmäßig mit Kiefern bepflanzt, um Grubenholz für den Ruhrgebietsbergbau zu bekommen. Das Hügelland um Haltern ist seit Jahrzehnten ein wichtiges Naherholungsgebiet für die Bevölkerung des Ruhrgebietes und der Halterner Stausee eines der bedeutendsten Wasserreservoire des Ruhrgebietes. Der Raum um Haltern gehört naturräumlich zum Westmünsterland.

Das bisher beschriebene Rechtsrheinische Ruhrgebiet zeigt in naturräumlicher Hinsicht eine deutliche Ost-West-Ausrichtung. Bedingt ist diese Struktur sowohl durch die drei Flüsse Ruhr, Emscher und Lippe als auch durch den aus zwei Stockwerken bestehenden geologischen Bau. Dabei besteht das obere Stockwerk aus der Oberen Kreide (Cenoman und Turon in der Hellwegzone, Emschermergel in der Emscherniederung und Senon im Recklinghauser Höhenrücken zwischen Emscher und Lippe). Zusammengenommen wird dieses bergmännisch als Deckgebirge bezeichnet, denn es bedeckt das kohleführende Karbon. Das Karbon tritt nördlich der Ruhr offen zutage und sinkt dann mit 2 – 3° Neigung unter die Westfälische Tieflandsbucht nach Norden ab. Das kreidezeitliche Deckgebirge wird immer mächtiger, die Kohleteufe immer größer. Der Steinkohlenbergbau schritt im Laufe von Jahrzehnten immer weiter nach Norden in die Westfälische Tieflandsbucht vor.

Im Westen wird das Kohlerevier durch den Niederrhein begrenzt. Das Wachstum des Reviers vollzieht sich jedoch seit Jahrzehnten über den Niederrhein hinweg und umfaßt dort die Städte Kamp-Lintfort und Moers. Die kohleführenden Karbonschichten dieses Raumes tragen jedoch als Deckgebirge tertiäre Schichten und Ablagerungen des Buntsandsteins und Zechsteins (DEGE 1973, S. 3 – 7).

Das Ruhrgebiet im dynamischen Wandlungsprozeß der letzten Jahrzehnte

K. Eckart / O. Neuhoff

Trotz tiefgreifender konjunktureller und struktureller Krisen, ist das Ruhrgebiet nach wie vor der größte industrielle Ballungsraum Deutschlands (Abb. 1) und Europas und eine der größten Industrieagglomerationen der Erde. Es wird in der Fachliteratur als montanindustrielle Altindustrieregion (SCHRADER 1993) bezeichnet. "Alt" bedeutet in diesem Zusammenhang nicht frühe Gründung und Entwicklung, sondern, daß diese Region die Fähigkeit zur ökonomischen Regeneration verloren oder erst gar nicht entwickelt hat.

Unter Ruhrgebiet wird auch in dieser Publikation der Raum des Kommunalverbandes Ruhrgebiet verstanden. Dieser besteht aus 11 kreisfreien Städten und vier Kreisen mit 53 Kommunen (Abb. 2), die den Regierungsbezirken Arnsberg, Münster oder Düsseldorf zuzuordnen sind. 1997 lebten dort rund 5,4 Mio. Menschen.

Foto 2: Das CentrO in Oberhausen

Abb. 1: Lage des Ruhrgebietes in Deutschland

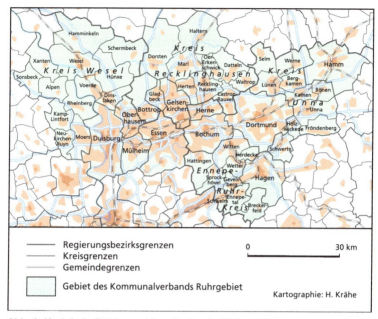

——	Regierungsbezirksgrenzen	
——	Kreisgrenzen	
——	Gemeindegrenzen	
☐	Gebiet des Kommunalverbands Ruhrgebiet	

0 — 30 km

Kartographie: H. Krähe

Abb. 2: Kreisfreie Städte und Landkreise im Ruhrgebiet

Foto 3: Das Bergwerk Arenberg-Fortsetzung in Bottrop (um 1930)

Das Ruhrgebiet im ökonomischen Wandlungsprozeß

Der wirtschaftliche Aufstieg

Nachdem es Anfang des 19. Jahrhunderts gelungen war, die wasserreichen Mergelschichten zu durchstoßen und verkokbare Fettkohle zu gewinnen, begann die rasante Entwicklung des Ruhrgebietes. Weil zugleich mehrere Bedingungen erfüllt waren, konnten die großen Steinkohlenlagerstätten erschlossen werden. Mit dem Technologietransfer vor allem aus England und dem Oberschlesischen Industrierevier standen technologische Innovationen zur Verfügung. Es fand der Ausbau des Eisenbahn- und Kanalnetzes statt. Fremdkapital konnte investiert werden. Eine politisch-ökonomische Liberalisierung wurde praktiziert, und dynamisches unternehmerisches Handeln nahm immer größere Formen an (BUTZIN 1987, KILPER u. a. 1994). Die sich rasch

Foto 4: Wissenschaftspark und Technologiezentrum Rheinelbe in Gelsenkirchen

entwickelnde Montanregion war zunächst durch die Dominanz des Kohle-Stahl-Verbundes gekennzeichnet. Die stark expandierende Nachfrage des Infrastrukturausbaus und die Entwicklung einer umfangreichen Investitionsgüterindustrie (Maschinenbau, Großanlagenbau) trug weiterhin zum gewaltigen Aufschwung des Ruhrgebietes bei. Es kamen zahlreiche Vorwärts- und Rückkopplungseffekte hinzu, so daß man in der heutigen Fachsprache den sich immer weiter ausweitenden Montankomplex als "montanindustriellen Produktionscluster" (REHFELD 1994) bezeichnen würde.

Ende des 19. Jahrhunderts wurde die bis dahin entstandene enge Verzahnung von Bergbau, Stahlindustrie und Maschinenbau um die Kohlechemie und die Energiewirtschaft auf Kohlebasis erweitert.

Schon sehr früh entstanden in diesem gesamten Entwicklungskomplex Strukturelemente, die zu negativen Effekten und Problemen führten. Diese sind z. T. bis in die Gegenwart spürbar. So bildeten sich bald spezifische großbetriebliche Organisationsformen heraus. Es entstanden Konzerne und bildeten sich Kartelle. In sehr enger Abhängigkeit und Verflechtung mit den Großbetrieben entstanden kleine und mittlere Unternehmen. Und schließlich entwickelten sich völlig ungeordnete und ungeplante Siedlungsstrukturen, besonders in der Emscherzone, z. B. mit großen Mängeln in der Infrastruktur (SCHRADER 1998, S. 437).

Die über Jahrzehnte verlaufende dynamische Entwicklung des Ruhrgebietes war aber auch durch zahlreiche Entwicklungseinbrüche gekennzeichnet. Die Gründerkrise in den 1870er Jahren hatte Konzentrationen und Kartellbildungen zur Folge. Den immer schärfer werdenden Konkurrenzdruck versuchte der Staat über eine Schutzzollpolitik aufzufangen und abzumildern (HAMM / WIENERT 1990).

Gegen die immer wiederkehrenden konjunkturellen Einbrüche im 20. Jahrhundert versuchte die Montanindustrie mit Verbesserung der Produktivität anzugehen. Nach dem Ersten Weltkrieg kam es daher zu einer zunehmenden Konzentration auf Großzechen. Es setzte die Nordwanderung des Bergbaus ein, und die Mechanisierung wurde immer weiter vorangetrieben. Die Arbeitsplatzverluste waren groß und umfaßten in der Zeit von 1929 bis 1932 (Weltwirtschaftskrise) 163 000 Personen (SCHRADER 1998, S. 437).

Die Wandlungsprozesse nach dem Zweiten Weltkrieg

Die wirtschaftliche Situation in Deutschland nach dem Zweiten Weltkrieg machte den schnellen Wiederaufbau der zerstörten und demontierten Montanindustrie notwendig. Dadurch wurden die Vorkriegsstrukturen wiederbelebt.

Viele heute aktuelle Probleme entstanden dadurch, daß auf diese kurzfristig hohe Nachfrage nach Produkten der Montanindustrie mit langfristig wirkenden Investitionen und Kapazitätserweiterungen reagiert wurde (HAMM/WIENERT 1990). Es war die von etwa 1947 bis 1957 andauernde Revitalisierungsphase, die in Darstellungen der Nachkriegsgeschichte aus wirtschaftspolitischer Sicht als "Phase der Reaktivierung der Vorkriegsstrukturen" bezeichnet worden ist (SCHLIEPER 1986, S. 6ff.).

Ende der 1950er Jahre gab es in der wirtschaftlichen Entwicklung der Bundesrepublik Deutschland völlig unerwartet die erste große Krise. Diese stand in direktem Zusammenhang mit den dramatischen Veränderungen auf dem Energiemarkt, auf dem u. a. heimische Steinkohle mehr und mehr von billiger importierter Steinkohle und

Tab. 1: Strukturmerkmale des Steinkohlebergbaus in den Ruhrgebietsstädten und Arbeitslosigkeit (1997)
Quelle: Energieland Nordrhein-Westfalen. Daten, Fakten – 1997, hrsg. v. Ministerium für Wirtschaft, Mittelstand, Technologie, Verkehr des Landes NRW, Düsseldorf 1997, Tab. 2.2
[1]) nicht zum Gebiet des KVR gehörend

Schachtanlage	Stadt	Belegschaft (Anzahl)	Förderung (Mio. t)	Arbeitslose (Anzahl)	Arbeitslosenquote (%)
Sophia Jacoba [1])	Hückelhoven	1 800	0,3	3 700	12,5
Friedrich Heinrich / Rheinland	Kamp-Lintfort	4 300	3,3	3 400	11,0
Niederberg	Neukirchen-Vluyn	2 500	1,8	3 400	11,0
Walsum	Duisburg	4 000	3,2	34 900	16,4
Lohberg / Osterfeld	Dinslaken	4 400	3,1	5 200	11,0
Prosper – Haniel	Bottrop	4 300	3,7	6 200	13,2
Fürst Leopold / Wulfen	Dorsten	3 100	2,4	4 100	12,8
Westerholt	Gelsenkirchen	3 100	2,1	28 700	15,3
Hugo / Consolidation	Gelsenkirchen	3 500	2,1	28 700	15,3
Auguste Victoria	Marl	4 400	3,3	5 200	14,8
Ewald / Schlägel und Eisen	Herten	4 400	3,5	3 700	14,2
Blumenthal / Haardt	Recklinghausen	4 600	3,5	10 100	13,4
Haus Aden / Monopol	Bergkamen	3 600	2,5	6 300	12,6
Heinrich Robert	Hamm	3 500	2,6	9 300	13,2
Westfalen	Ahlen	2 800	2,3	1 800	9,2
Preussag Anthrazit [1])	Ibbenbüren	2 900	1,8	3 400	8,6

wesentlich billigerem importiertem Erdöl verdrängt wurde. Darüber hinaus war Erdöl universeller einsetzbar und leichter in Pipelines kostengünstig zu transportieren. Betroffen von diesen Entwicklungen war auch das Ruhrgebiet. Der Steinkohleabsatz wurde immer schwieriger. Das Zechensterben begann. 1956 hatte der Steinkohlenbergbau sein Produktionsmaximum, 1957 sein Beschäftigungsmaximum erreicht. Es gab Mitte der 1950er Jahre im ganzen Ruhrgebiet etwa 140 Schachtanlagen. In der Zeit von 1958 – 1964 wurden dann 35 Zechen stillgelegt. Gegenwärtig (1999) existieren nur noch 13 Verbundbergwerke. Mitte der 1950er Jahre wurden jährlich ca. 121 Mio. t Kohle gefördert, 1997 waren es noch rd. 37 Mio. t.

Damals gab es 360 000 Beschäftigte im Bergbau. In der Stillegungsphase 1958 – 1964 gingen 53 000 Arbeitsplätze verloren. Heute sind nur noch etwa 70 000 Menschen im Bergbau beschäftigt (Tab. 1).

Es hat im Ruhrgebiet einen Wandlungsprozeß in der Branchenstruktur und eine Verschiebung zwischen den Anteilen der einzelnen Wirtschaftssektoren gegeben, wie der Rückgang der Zahl der Betriebe im Bergbau und Verarbeitenden Gewerbe zeigt, doch es blieben bis heute zahlreiche ungelöste Probleme.

Der Strukturwandel im Ruhrgebiet kann u. a. an der Zahl der Betriebe im Bergbau und Verarbeitenden Gewerbe und der darin Beschäftigten aufgezeigt werden. Im gesamten Ruhrgebiet hat sich die Zahl der Betriebe von 2 563 (1980) auf 2 139 (1997) verringert (Abb. 3). Der Rückgang in den einzelnen kreisfreien Städten und Kreisen war jedoch unterschiedlich. In Gelsenkirchen gab es z. B. 1980 noch 142 Betriebe, 1997 nur noch 99. In Bochum gab es 1980 noch 182, 1997 nur noch 150 Betriebe.

Im Zusammenhang mit dem Strukturwandel im Ruhrgebiet sollte jedoch das Handwerk nicht vergessen werden. Es spielte zwar in der Vergangenheit hier eine wesentlich geringere Rolle als in anderen Regionen, da viele Arbeiten an den werkseigenen Wohnungen durch die Betriebshandwerker der Zechen und Unternehmen der Eisen- und Stahlindustrie selbst ausgeführt wurden. Dennoch gab es beachtliche regionale und strukturelle Unterschiede.

Der Kern der Änderungen bestand darin, daß Vorschriften geschaffen wurden, die es dem Handwerker erlauben, seine Leistungspalette zu erweitern. Wer ein Handwerk betreibt, kann dabei auch Arbeiten in anderen Handwerken ausführen, wenn sie mit dem Leistungsangebot seines Handwerks technisch oder fachlich zusammenhängen oder es wirtschaftlich ergänzen.

Mit dieser Veränderung, nämlich Angebot von "Leistungen aus einer Hand" sollte der veränderten wirtschaftlichen Situation

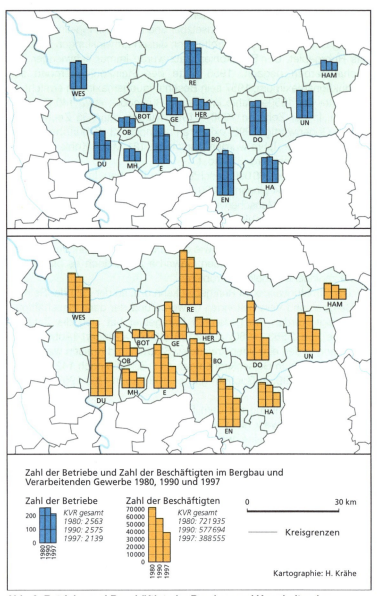

Abb. 3: Betriebe und Beschäftigte im Bergbau und Verarbeitenden Gewerbe des Ruhrgebietes 1980, 1990 und 1997

ebenso Rechnung getragen werden wie mit der Lockerung der Zugangsbeschränkungen für die Betätigung im Handwerk.

Eine Übersicht über die Zahl der Unternehmen pro 1 000 Einwohner und die Zahl der im Handwerk Beschäftigten pro 1 000 Einwohner im Ruhrgebiet vermittelt Abbildung 4. Sie verdeutlicht die doch beträchtlichen regionalen Unterschiede. Mit nur 3,7 Unternehmen pro 1 000 Einwohner lag die geringste Dichte in den Kreisfreien Städten bzw. den Kreishandwerkerschaften Duisburg und Herne. Im Ennepe-Ruhr-Kreis hingegen gab es 5,5 Unternehmen pro 1 000 Einwohner. Die Zahl der Beschäftigten im Handwerk pro 1 000 Einwohner lag in Herne mit 88,5 im Vergleich zu allen anderen kreisfreien Städten und Landkreisen weit an der Spitze (Abb. 4b).

Die Kennzahl Umsatz je Beschäftigten und Umsatz je Einwohner gibt Anhaltspunkte für den Grad der Marktdurchdringung. Die Produktivität, also der Umsatz pro Beschäftigten, war in den Kreishandwerkerschaften bzw. den kreisfreien Städten des Ruhrgebietes 1995 recht unterschiedlich (Abb. 4d). Mit 161 726 DM pro Beschäftigten lag die Kreishandwerkerschaft Herne weit an der Spitze. Den geringsten Wert mit nur 98 672 DM pro Beschäftigten gab es in der kreisfreien Stadt Oberhausen.

Der Umsatz je Einwohner erreichte mit 14 205 DM den höchsten Wert in Herne, gefolgt von 10 386 DM in Bochum (Abb. 4c). Im Ennepe-Ruhr-Kreis machte der Umsatz je Einwohner mit 6 184 DM nicht einmal die Hälfte des Umsatzes von Herne aus. Legt man den Mittelwert des Umsatzes pro Einwohner von 9 539 DM in Nordrhein-Westfalen zugrunde, dann lagen nur Bochum, Herne, Oberhausen und Dortmund über diesem Durchschnittswert. Die meisten Kreishandwerkerschaften bzw. Kreise und kreisfreien Städte des Ruhrgebietes lagen weit darunter. Daraus kann der Schluß gezogen werden, daß in diesen Gebieten mit unterdurchschnittlichem Einkommen ungünstige Rahmenbedingungen existierten. In zahlreichen Städten und Landkreisen ist das Handwerk einem unterschiedlich intensiven Wettbewerb mit Handel und Industrie ausgesetzt, so daß damit auch die großen Unterschiede der Umsätze je Einwohner erklärt werden können.

Anpassungserfolge im Montanbereich

Es ist zunächst zu berücksichtigen, daß durch die geschilderten Bevölkerungs- und Beschäftigungseinbußen im Ruhrgebiet eine passive Sanierung erfolgt ist. Abgesehen davon ist es aber auch zu einem aktiven Wandel gekommen.

Als erstes Kennzeichen dafür kann die schnelle Reaktion auf die veränderten Energiepreisrelationen und ihre Anpassung nach Beginn

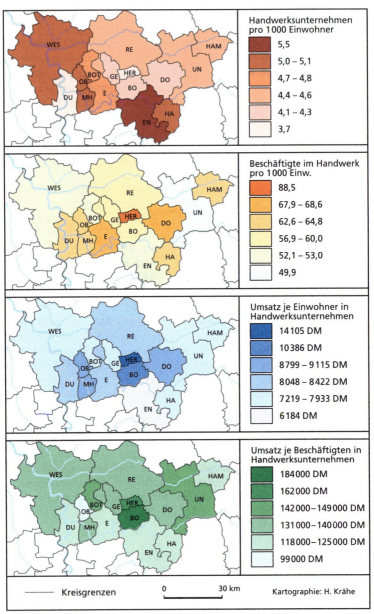

Abb. 4: Das Handwerk im Ruhrgebiet nach der Totalerhebung 1995
Quelle: Handwerkszählung 1995

der Bergbaukrise Ende der 1950er Jahre gerechnet werden. Nach dem Umbau zahlreicher Hydrierwerke entstanden Erdölraffinerien.

Auch die Stahlindustrie konnte sich durch Umgestaltung ihrer Produktpalette auf dem insgesamt schrumpfenden Markt behaupten.

Es kam zu einer abnehmenden Verflechtung zwischen den Montansektoren. Aus den Reparaturdiensten dieses Bereiches und dem Stahl- und Maschinenbau entwickelte sich der Großanlagenbau.

Tab. 2: Technologiezentren im Ruhrgebiet (Stand: Anfang der 1990er Jahre)
Quelle: Nach Angaben des Ministeriums für Wirtschaft, Mittelstand und Technologie des Landes NRW (Hrsg.): Technologie-Handbuch Nordrhein-Westfalen, 2. Aufl., Düsseldorf 1993

Stadt	Gründungsjahr	Zahl der Firmen	Zahl der Mitarbeiter	Fläche (m^2)	Auswahl fachlicher Schwerpunkte
Bochum	1991	20	168	7 000	Mikroelektronik
Bottrop	1993	¾	2	2 000	Industrieelektronik
Castrop-Rauxel	1992	17	74	1 350	Medizintechnik
Dortmund	1985	59	879	21 700	Materialfluß, Logistik
Duisburg	1987	26	310	7 500	Mikroelektronik
Essen	1985	82	711	19 300	Umwelt, Medizin
Gelsenkirchen	1994	¾	¾	¾	Regenerative Energie
Gladbeck	1993	¾	¾	ca. 3 000	Oberflächentechnik
Hagen	1986	12	47	1 900	Elektronik
Hamm	1989	23	89	2 800	Umwelttechnik
Herne	1988	18	ca.100	1 900	EDV-Hard- / Software
Herten	1993	10	¾	3 000	Wertstoffrückgewinnung
Lünen	1994	¾	¾	ca. 3 100	Werkstofftechnologie
Marl	1989	12	55	2 600	Chemie
Moers	1992	9	85	2 600	Computersimulation
Oberhausen	1993	¾	¾	17 500	Abfallwirtschaft
Schwerte HTC	1984	4	45	1 350	Energietechnik
Schwerte TC	1993	¾	¾	7 000	Umwelttechnologie
Unna	1988	30	137	5 000	Medizintechnik

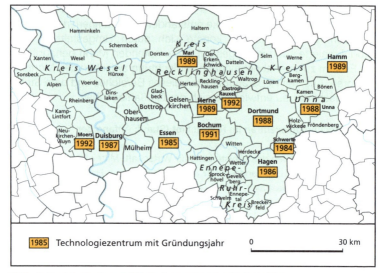

Abb. 5: Technologie- und Gründerzentren im Ruhrgebiet

Schon relativ früh beschäftigten sich die Anlagenbauer mit Umweltschutz: Abgasreinigung, Entstaubung, Wärmerückgewinnung, Abwasserbehandlung und Abfallentsorgung waren solche Problembereiche.

Als Beispiele konstruktiver Entwicklungspolitik und neue Hoffnungsträger können die Technologie- und Gründerzentren (TGZ) genannt werden. Zwischen 1985 und 1992 wurden sie an 13 Standorten aufgebaut (Abb. 5). Die Finanzierung erfolgte mit Mitteln der EU, des Bundes, des Landes und der Kommunen. 1996 kam u. a. noch das Bottroper Technologie- und Gründerzentrum hinzu (BGT). Die Situation Anfang der 1990er Jahre vermittelt Tabelle 2.

Mit diesem regionalpolitischen Instrumentarium wurde punktuell eine innovationsorientierte Erneuerung der lokalen und regionalen Wirtschaft erreicht. Aber nicht alle Teilräume des Reviers wurden in gleicher Weise von diesen generellen Entwicklungen erfaßt. Und selbst Entwicklungen in einigen Hochtechnologiefeldern reichen nicht aus, um eine generelle Umstrukturierung des Ruhrgebietes zu erreichen und den Arbeitsplatzabbau im traditionellen Montanbereich zu kompensieren.

Das Ruhrgebiet im ökologischen Wandlungsprozeß

Die Umweltpolitik der Bundesregierung
Im Bundestagswahlkampf 1961 trat Willy Brandt u. a. mit der Losung an: "Der Himmel über der Ruhr muß wieder blau werden". Als er mit dieser Formulierung auftrat, hatte das seine Gründe. Die durch Industrie, Verkehr und Haushalte verursachten Emissionen von Staub und Schwefeldioxid ließen den Himmel über dem Ruhrgebiet in einem schmutzigen Grau erscheinen. Das ungestüme Wachstum der Ruhrgebietswirtschaft hatte in den Wirtschaftswunderjahren nicht nur zur Luft-, sondern auch zur Boden- und Wasserverschmutzung ungeahnten Ausmaßes geführt. Für ein ökologisches Bewußtsein war allerdings

Foto 5: Die Emscher-Kläranlage in Bottrop

in breiten Bevölkerungsschichten die Zeit noch nicht reif. Erst 1970 nahm sich die Politik und dann auch die Öffentlichkeit dieses Themas an. Das Jahr 1970 wird als Beginn der Umweltpolitik in der Bundesrepublik Deutschland bezeichnet.

Umweltschutz im Ruhrgebiet

Besonders hervorzuheben ist für das Ruhrgebiet die Umweltschutztechnik im Entsorgungsbereich. Im Landesentwicklungsbericht Nordrhein-Westfalen von Dezember 1994 werden Ziele und Projekte der Umweltpolitik genannt.

An erster Stelle ist das Programm "Natur 2000" zu erwähnen. Es konzentriert sich u. a. auf den altindustriell geprägten Verdichtungsraum Ruhrgebiet. Mit dem Ökologieprojekt "Emscher-Lippe-Raum" (ÖPEL) sollen der ökonomische Strukturwandel mit der ökologischen Erneuerung der Stadtlandschaft verbunden werden. Es wurden folgende Programmziele formuliert:

Abb. 6: Entsorgungsverbunde im Ruhrgebiet

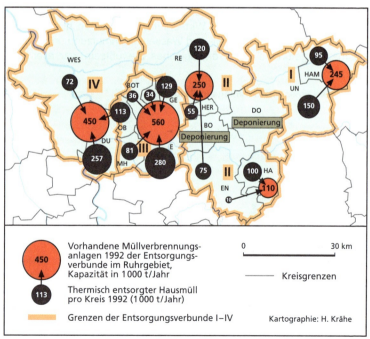

- Entlastung der Gewässer von Abwässern, naturnahe Umgestaltung der Gewässer und Wiederherstellung ehemaliger Auen,
- Schaffung einer grünen Ost-West-Achse in Verbindung mit dem Emscherpark-Radweg,
- Sicherung und Verbesserung der in Süd-Nord-Richtung verlaufenden Grünzüge.

Im Rahmen der ökologischen Erneuerung des Landes Nordrhein-Westfalen spielen seit Anfang der 1990er Jahre noch andere Themenfelder im Ruhrgebiet eine große Rolle:
- umweltgerechte Abfallwirtschaft,
- verstärkte Maßnahmen zur Luftreinhaltung,
- Gewässerschutzstrategien,
- Bodenschutz,
- Altlastensanierungsvorhaben.

Die Landesregierung verfolgt mit der ökologischen Abfallwirtschaft das Ziel, bei Hausmüll und hausmüllähnlichen Gewerbeabfällen bis zum Jahre 2000 eine Vermeidungsquote von mindestens 15 % zu erreichen. Die Verwertungsquote sollte mindestens 30 % erreichen. Selbst wenn – wie im Kreislaufwirtschaftsgesetz des Bundes (1994) vorgesehen – alle Vermeidungs- und Verwertungsmöglichkeiten ausgeschöpft würden, bleibt immer noch – besonders im Ruhrgebiet – eine große Menge Restabfall übrig, der deponiert werden muß. Deponien und Müllverbrennungsanlagen spielen deshalb eine große Rolle (Abb. 6).

Ein besonderes Problem stellen seit jeher die Altlasten und die damit verbundenen Bodensanierungen dar. Es handelt sich um Zechen- und Industriebrachen (Abb. 7).

In den Umweltschutz wurde in ganz unterschiedlich großem Umfang investiert (Tab. 3).

Tab. 3:
Investitionen für Umweltschutz im Produzierenden Gewerbe des Ruhrgebietes seit 1980

Quelle: Städte- und Kreisstatistik des Ruhrgebietes 1999

Gebietseinheit	Anteil an den Gesamtinvestitionen in %				
	1980	1985	1990	1995	1996
Bochum	1,4	18,8	3,9	3,3	0,8
Bottrop	2,5	7,3	5,8	2,0	7,6
Dortmund	2,7	13,7	6,5	2,8	4,3
Duisburg	12,3	7,0	10,9	8,9	7,3
Essen	0,9	16,4	5,3	5,8	5,5
Gelsenkirchen	9,7	25,8	20,8	29,4	39,5
Hagen	2,7	1,2	5,1	3,6	2,7
Hamm	12,1	12,5	2,5	3,2	2,2
Herne	4,1	6,8	13,5	5,1	1,0
Mülheim/Ruhr	0,5	2,6	1,3	1,7	0,6
Oberhausen	10,2	5,1	5,4	5,1	1,6
Krfr. Städte (KVR)	5,5	12,5	8,0	6,6	6,1
Ennepe-Ruhr-Kreis	7,6	4,2	2,3	1,3	1,7
Kreis Recklinghausen	9,9	13,8	16,0	7,5	3,6
Kreis Unna	3,1	6,2	12,1	3,7	4,8
Kreis Wesel	2,7	8,6	5,2	2,3	4,7
Kreise (KVR)	6,2	9,0	10,8	4,5	3,8
KVR insgesamt	5,6	11,8	8,9	6,0	5,4

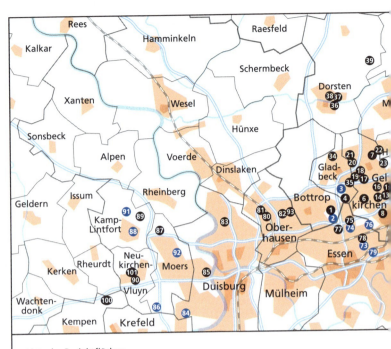

Liste der Projektflächen

1 Alpin-Center Ruhr, Bottrop
2 Welheimer Mark, Bottrop
3 Gewerbepark Gladbeck-Brauck, Gladbeck
4 Mathias Stinnes Zentralwerkstatt, Gladbeck
6 Nordstern 3/4, Gelsenkirchen
7 Kokerei Hassel, Gelsenkirchen
8 Consolidation 1/6, Gelsenkirchen
9 Alma 1/2/5, Gelsenkirchen
10 Alma 3, Gelsenkirchen
11 Consolidation 3/4/9, Gelsenkirchen
12 Hafen Grimberg, Gelsenkirchen
13 Kokerei Graf Bismarck, Gelsenkirchen
14 Hafen Hugo, Gelsenkirchen
15 Emschermulde 2, Gelsenkirchen
16 Hugo 9, Gelsenkirchen
17 Hugo 1/4, Gelsenkirchen
18 Hugo 2/5/8, Gelsenkirchen
19 Gecksheide, Gelsenkirchen
20 Hugo-Nord, Gelsenkirchen
21 Kokerei Scholven, Gelsenkirchen
22 Westerholt, Gelsenkirchen
23 Hugo-Ost, Gelsenkirchen
24 Ewald 3/4, Gelsenkirchen
25 Schlägel & Eisen 3/4/7, Herten
26 Schlägelstraße, Herten
27 Josefstraße (Schlägel & Eisen 1/2), Herten
28 Roonstraße, Herten
29 Ewaldstraße 1/2/7, Herten
30 Hafen Unser Fritz, Herne
31 Unser Fritz 1/4, Herne
32 König Ludwig Zentralwerkstatt, Recklinghausen
33 König Ludwig 1/2/6, Recklinghausen
34 Zweckel, Gladbeck
35 Heim Linnerott, Gladbeck
36 Hafen Fürst Leopold, Dorsten
37 Fürst Leopold, Dorsten
38 K 8, Dorsten
39 Wulfen 1/2, Dorsten
40 Kanalstraße, Gelsenkirchen
41 Holland 1/2, Gelsenkirchen
43 Unser Fritz 2/3, Herne
44 Blumenthal 8, Oer-Erkenschwick
45 Rapen, Oer-Erkenschwick
46 Ewald Fortsetzung, Oer-Erkenschwick
47 WBI Castrop-Rauxel, Castrop-Rauxel
48 Hafen Pöppinghausen, Castrop-Rauxel
49 Schwerin 1/2, Castrop-Rauxel
50 Ickern 3, Waltrop

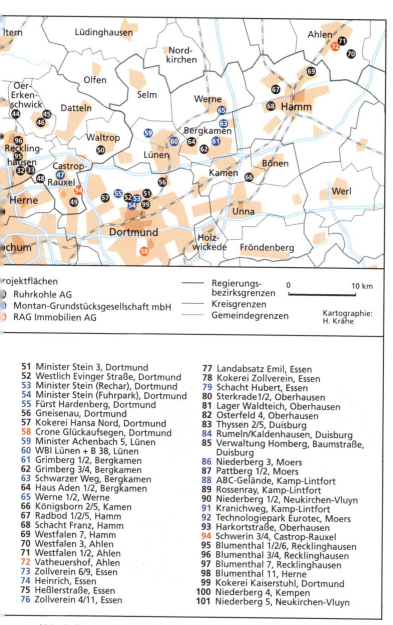

Projektflächen
- Ruhrkohle AG
- Montan-Grundstücksgesellschaft mbH
- RAG Immobilien AG

— Regierungsbezirksgrenzen
— Kreisgrenzen
— Gemeindegrenzen

0 10 km

Kartographie: H. Krähe

51 Minister Stein 3, Dortmund
52 Westlich Evinger Straße, Dortmund
53 Minister Stein (Rechar), Dortmund
54 Minister Stein (Fuhrpark), Dortmund
55 Fürst Hardenberg, Dortmund
56 Gneisenau, Dortmund
57 Kokerei Hansa Nord, Dortmund
58 Crone Glückaufsegen, Dortmund
59 Minister Achenbach 5, Lünen
60 WBI Lünen + B 38, Lünen
61 Grimberg 1/2, Bergkamen
62 Grimberg 3/4, Bergkamen
63 Schwarzer Weg, Bergkamen
64 Haus Aden 1/2, Bergkamen
65 Werne 1/2, Werne
66 Königsborn 2/5, Kamen
67 Radbod 1/2/5, Hamm
68 Schacht Franz, Hamm
69 Westfalen 7, Hamm
70 Westfalen 3, Ahlen
71 Westfalen 1/2, Ahlen
72 Vatheuershof, Ahlen
73 Zollverein 6/9, Essen
74 Heinrich, Essen
75 Heßlerstraße, Essen
76 Zollverein 4/11, Essen
77 Landabsatz Emil, Essen
78 Kokerei Zollverein, Essen
79 Schacht Hubert, Essen
80 Sterkrade 1/2, Oberhausen
81 Lager Waldteich, Oberhausen
82 Osterfeld 4, Oberhausen
83 Thyssen 2/5, Duisburg
84 Rumeln/Kaldenhausen, Duisburg
85 Verwaltung Homberg, Baumstraße, Duisburg
86 Niederberg 3, Moers
87 Pattberg 1/2, Moers
88 ABC-Gelände, Kamp-Lintfort
89 Rossenray, Kamp-Lintfort
90 Niederberg 1/2, Neukirchen-Vluyn
91 Kranichweg, Kamp-Lintfort
92 Technologiepark Eurotec, Moers
93 Harkortstraße, Oberhausen
94 Schwerin 3/4, Castrop-Rauxel
95 Blumenthal 1/2/6, Recklinghausen
96 Blumenthal 3/4, Recklinghausen
97 Blumenthal 7, Recklinghausen
98 Blumenthal 11, Herne
99 Kokerei Kaiserstuhl, Dortmund
100 Niederberg 4, Kempen
101 Niederberg 5, Neukirchen-Vluyn

Abb. 7: Projektflächen

Quelle: Nach Angaben der Montan-Grundstücksgesellschaft (MGG)

Das Ruhrgebiet im verkehrsinfrastrukturellen Wandlungsprozeß

Der schienengebundene Personen- und Güterverkehr

Das Ruhrgebiet ist Schnittpunkt des schienengebundenen Personen- und Güterverkehrs. Der Gütertransport wird in fünf großen Verschiebebahnhöfen gebündelt. Anfang der 1990er Jahre gab es mehr als 60 Bahnhöfe, sieben Intercity-Haltepunkte, 19 D-Zug-Stationen und ein Schienennetz von etwa 1 470 km Länge. Das S-Bahn-Netz und Nahverkehrsverbindungen sind Bestandteile des Verkehrsverbundes Rhein-Ruhr.

Foto 6: Moderner ÖPNV im Ruhrgebiet:
Haltestelle Neue Mitte Oberhausen

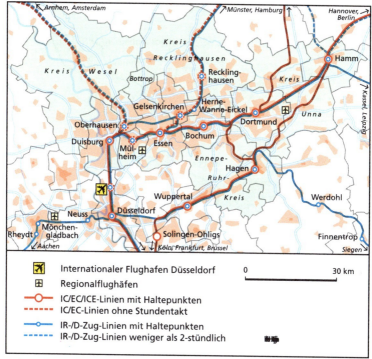

Abb. 8: Flughäfen und Fernstreckennetz der Deutschen Bahn AG im Ruhrgebiet
Quelle: DB-Fahrplan 1999

Dieser Verkehrsverbund (der größte in Europa) verfügt über ein Streckennetz von insgesamt etwa 12 000 km und beförderte Anfang der 1990er Jahre jährlich etwa 900 Mio. Personen. Seit 1983 gibt es eine durchgehende S-Bahn-Linie von Dortmund nach Düsseldorf (Abb. 8).

Die bestehende Schienenkapazität im Ruhrgebiet wird der zu erwartenden wachsenden Verkehrsintensität der nächsten Jahre nicht gerecht. Deshalb wurde bereits Mitte der 1990er Jahre ein bedeutsames Großprojekt realisiert: Der Ringzug Rhein-Ruhr. Dieser ist seit 1996 in Betrieb. Es handelt sich dabei um den Zusammenschluß von acht Privatbahnen, die für Kombinierte Verkehre den Güterverkehr abwickeln. Wichtigstes Ziel ist die Verlagerung von LKW-Verkehren auf die Bahn und eine raschere Abwicklung der Beförderung von Gütern auf Strecken unter 250 km. Ende der 1990er Jahre wurden im Ringzug zwei Expreß- und zwei

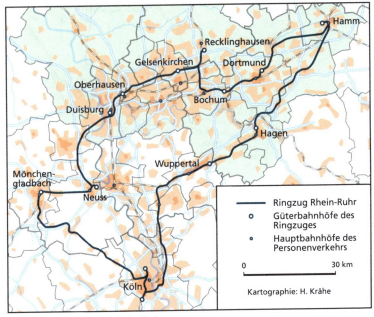

Abb. 9: Der Ringzug Rhein-Ruhr
Quelle: Nach Angaben der Deutschen Bahn AG

Regionalzüge eingesetzt. Sie verkehrten täglich zwischen 11 Terminals im und gegen den Uhrzeigersinn. Mit dem Ringsystem werden besonders die hochbelasteten Ober- und Mittelzentren an Rhein und Ruhr verbunden (Abb. 9).

Die Terminals für die Kombinierten Verkehre befinden sich in Köln-Eifeltor, Wuppertal-Langerfeld, Hagen, Hamm-Hafen, Dortmund-Obereving, Bochum-Langendreer, Gelsenkirchen-Bismarck, Duisburg, Düsseldorf/Neuss, Mönchengladbach und Köln-Nippes. Damit geht also das Ringsystem weit über das Ruhrgebiet hinaus (GLÄßER u. a. 1997, S. 205 – 206).

Das Gesetz zur Regionalisierung des Öffentlichen Schienenpersonennahverkehrs (SPNV) sowie zur Weiterentwicklung des Öffentlichen Personennahverkehrs (ÖPNV), das Regionalisierungsgesetz NRW, trat am 1. Januar 1996 in Kraft. Das Land Nordrhein-Westfalen hat den Zweckverbänden die Bestellung und Finanzierung des SPNV übertragen. Vom Sommerfahrplan 1998 an wurde das Schienenverkehrsangebot in Nordrhein-Westfalen erheblich ausgeweitet. Die Deutsche Bahn AG und das Land Nordrhein-Westfalen hatten sich in Abstimmung mit den neun Nahverkehr-Zweckverbänden in einem Vertrag die Einführung eines Integralen Taktfahrplanes (ITF) festgelegt. Das Nahverkehrssystem sollte damit leistungsfähiger und attraktiver werden. Dazu sollten neue Schienenfahrzeuge eingesetzt werden, die Spitzengeschwindigkeiten von 140 km/h zulassen. So konnten die Fernbahngleise für den Nahverkehr mitbenutzt werden. Bis Ende 1997 fuhren schon Intercity-Züge, S-Bahnen, Regionalbahnen, Stadtexpress- und Regional-Express-Züge. Nun sollte ab 1998 das Prinzip des Taktverkehrs eingeführt werden, das schon aus dem städtischen öffentlichen Nahverkehr seit ca. 20 Jahren bekannt war. Aber der vereinbarte Integrale Taktfahrplan sollte nun alle Linien miteinander verknüpfen (Abb. 10).

Für das Ruhrgebiet bedeutete das den Einsatz zusätzlicher Express-Züge. Ein Integraler Taktfahrplan unterscheidet sich vom traditionellen Fahrplan dadurch, daß nicht nur die Linien, sondern auch alle Anschlüsse vertaktet sind. Für den Verkehrsverbund Rhein-Ruhr bedeutete das ab 1998:
– Einführung einer zweiten stündlichen RE-Linie Düsseldorf–Dortmund,
– Einrichtung einer durchgehenden RE-Linie Emmerich–Duisburg–Düsseldorf–Köln–Koblenz,
– Einführung der S9 im Abschnitt Essen–Bottrop im 20-Minuten-Takt. Stündlich verkehrt ein S-Bahnzug weiter nach Haltern.
– Stündliche Verlängerung der S2 über Dortmund-Mengede hinaus nach Recklinghausen über Herne bei Aufgabe der RB 25 Dorsten–Wanne–Eickel,
– Alternativ: Einführung eines Stundentaktes auf der Linie RB Dorsten–Wanne–Eickel,
– Integration der Halte Gelsenkirchen-Rotthausen und Essen-Kray Nord in das S-Bahn-System (S2),
– Verdichtung der S 11 im Abschnitt Worringen–Neuss–Düsseldorf auf den S-Bahn-20-Minutentakt,
– Integration der Regio-Bahn Kaarst–Düsseldorf–Mettmann zum Fahrplan 99 in das S-Bahn-System (Arbeitskreis... 1998, S. 21).
Mit der Einführung des ITF-1998 wurde auch die Inbetriebnahme neuer Fahrzeuge vorgesehen. Folgende Linien wurden auf Wagenmaterial mit einer Höchstgeschwindigkeit von 140 km/h umgestellt:
– RB Münster–Essen,
– RB Münster–Hamm–Hagen–Köln,
– RE Hamm–Dortmund–Gelsenkirchen–Duisburg–Mönchengladbach–Aachen–Köln,
– RE Emmerich–Duisburg–Düsseldorf–Köln (–Koblenz),
– RE Krefeld–Köln–Siegen–Gießen (Arbeitskreis...1998, S. 23).

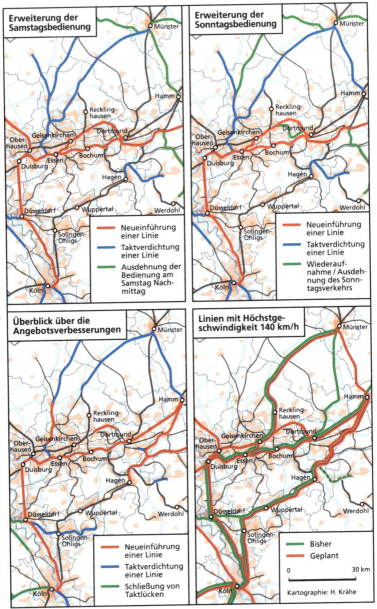

Abb. 10: Die Angebotsverbesserungen im Schienenverkehr des Ruhrgebietes durch den Integralen Taktfahrplan (ITF) ab 1998

Quelle: Arbeitskreis für die Koordination... 1997, S. 11 – 23

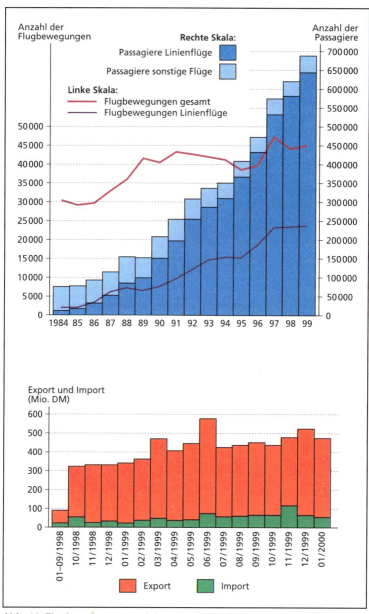

Abb. 11: Flugbewegungen auf dem Flughafen Dortmund
Quelle: Nach Angaben der Flughafenverwaltung Dortmund

Flughäfen im Ruhrgebiet und seinem Umland

Das Ruhrgebiet ist durch den Flughafen Düsseldorf, der 14 km von der Regionsgrenze entfernt liegt, an das internationale Flugverkehrsnetz angeschlossen. Im Ruhrgebiet selbst gibt es keinen internationalen Verkehrsflughafen. Seit mehr als 70 Jahren existiert jedoch in Dortmund ein Verkehrsflughafen, der seit langem für den Regional- und Geschäftsreise-Luftverkehr große Bedeutung hat. Für die Region östliches Ruhrgebiet ist er ein wichtiger Standortfaktor. Die ständig gestiegene Zahl der Arbeitskräfte auf dem Flugplatz (701 Mitarbeiter bei 26 Firmen und Dienststellen) und die Verkehrsergebnisse sind dafür ein Beleg (Abb. 11). 1996 wurden vom Flugplatz Dortmund 24 deutsche und europäische Wirtschafts- und Ballungszentren angeflogen. Die internationalen Verkehrsdrehkreuze Amsterdam, Paris und München bieten günstige Weiterflugmöglichkeiten.

Abb. 12: Wasserstraßen und Güterumschlag in Binnenhäfen
Quelle: KVR-Datenbank

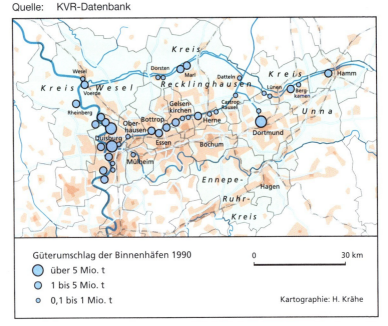

	1985	1990	1992	1994
Duisburg (gesamt)[2]	53 843	48 899	45 113	45 691
Dortmund	5 181	5 051	5 063	5 397
Gelsenkirchen	3 550	3 485	5 040	3 252
Hamm	3 686	3 436	3 137	3 610
Hamm-Bossendorf	1 658	1 842	1 651	2 156
Marl-Brassert	1 611	1 590	1 463	1 856
Herne / Wanne-Eickel	1 690	1 296	1 245	1 201
Essen	1 301	3 409	3 364	3 100

Tab. 4: Güterverkehrsentwicklung führender Binnenhäfen[1] im Ruhrgebiet (in 1 000 t)
Quelle: Bundesverband der Deutschen Binnenschiffahrt
[1] Häfen mit mehr als durchschnittlich 1,5 Mio. t Umschlag pro Jahr
[2] darunter Ruhrorter Häfen AG, Homberg, Huckingen, Rheinhausen, Schwelgern, Walsum

Wasserstraßen und Güterumschlag in Binnenhäfen

Trotz des Strukturwandels im Montan- und Stahlbereich und der damit verbundenen tiefen Einschnitte für die Binnenschiffahrt ist diese dennoch für das Ruhrgebiet und Nordrhein-Westfalen ein wichtiger Verkehrsträger geblieben.

Die Binnenschiffahrt gilt als der Verkehrsträger mit dem größten Ausbaupotential. Sie gilt außerdem als ökonomisch und ökologisch wichtiges Glied in den modernen Transportketten. Das zeigt sich besonders in der Containerschiffahrt bzw. den Kombinierten Verkehren.

Das Wasserstraßennetz im Ruhrgebiet ist etwa 272 km lang (Abb. 12). Es gab Anfang der 1990er Jahre 19 öffentliche und 40 Werkshäfen, in denen jährlich etwa 70 000 Schiffe be- und entladen wurden. Mit etwa 80 Mio. t im Jahr waren das etwa zwei Drittel des Gesamtumschlages aller nordrhein-westfälischen Häfen. Mit ca. 50 Mio. t Jahresumschlag lagen die Duisburger Häfen weit an der Spitze (Tab. 4) (Das Ruhrgebiet, hrsg. v. Kommunalverband Ruhrgebiet, Essen 1996, S. 11).

Das Ruhrgebiet im sozialen und siedlungsstrukturellen Wandlungsprozeß

Die Bevölkerungsentwicklung

Seit 1961 hat sich die Zahl der Einwohner des Ruhrgebietes stark reduziert. Damals waren es nach der Volkszählung 5 674 223 Personen, 1997 nur noch 5 414 288 Personen. Das bedeutet also einen Rückgang um etwa 260 000 Personen. Es sind jedoch große Unterschiede zwischen den kreisfreien Städten und den Landkreisen festzustellen (Abb. 13). Während die kreisfreien Städte insgesamt in der Zeit von 1961 – 1997 einen Verlust von rund 554 000 Personen hinnehmen mußten, konnten die zum Ruhrgebiet gehörenden Landkreise eine

**Foto 7:
Historische Bausubstanz im Ruhrgebiet - die Siedlung Eisenheim in Oberhausen**

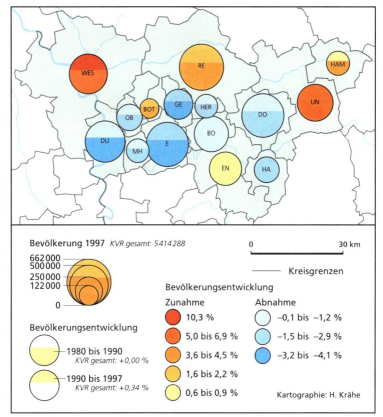

Abb. 13: Bevölkerungsentwicklung in den kreisfreien Städten und Kreisen des Ruhrgebietes (1980 – 1997)
Quelle: Städte- und Kreisstatistik Ruhrgebiet 1998, S. 28

Zunahme der Bevölkerung von rund 295 000 Personen verbuchen. Unter allen kreisfreien Städten wiesen lediglich Hamm (19 234 Personen) und Bottrop (1 318 Personen) eine Bevölkerungszunahme auf, alle anderen büßten stark ein. Am größten war der Bevölkerungsverlust in Gelsenkirchen mit über 96 000 Personen. Das bedeutete einen Rückgang um 15,8 %.

Ein sehr großer Anteil der Bevölkerung sind Ausländer (Abb. 14). Ihr Anteil betrug im Durchschnitt im Jahre 1980 schon 8,0 % der Gesamtbevölkerung und stieg bis 1997 sogar auf 11,5 % an. In allen Gebietseinheiten gab es eine Zunahme. 1997 lag der größte Anteil mit 17,0 % in

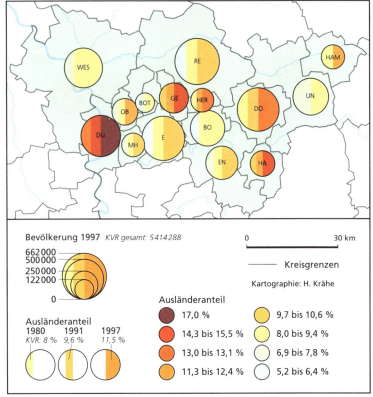

Abb. 14: Anteil der Ausländer an der Gesamtzahl der Einwohner in den kreisfreien Städten und Landkreisen des Ruhrgebietes (1997)
Quelle: Städte- und Kreisstatistik Ruhrgebiet 1998, S. 53

Duisburg, in Hagen betrug er 15,5 %, am niedrigsten war er in Bottrop mit nur 8,8 %.

Bei der natürlichen Bevölkerungsentwicklung liegt seit vielen Jahren in allen Ruhrgebietsstädten und Kreisen die Sterberate weit über der Geburtenrate (Abb. 15).

Die Bevölkerungsentwicklung im Ruhrgebiet wird darüber hinaus auch noch durch die Wanderungen, die Migration, beeinflußt. Diese war in zahlreichen kreisfreien Städten und Kreisen durch einen hohen negativen Saldo gekennzeichnet (Abb. 15).

Die Bevölkerungsentwicklung des Ruhrgebietes steht natürlich in ursächlichem Zusammenhang mit der Entwicklung der Beschäf-

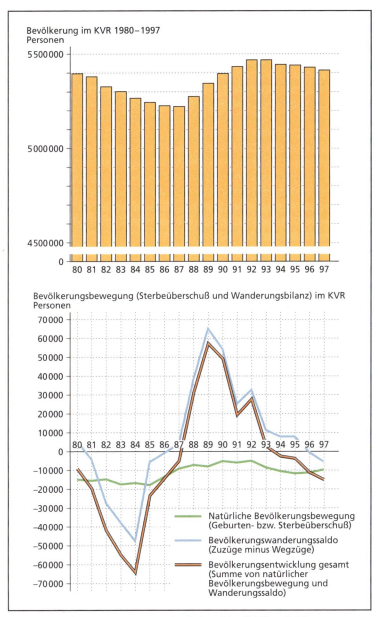

Abb. 15: Bevölkerungsbewegung im Ruhrgebiet (1980 – 1997)
Quelle: Städte- und Kreisstatistik Ruhrgebiet 1998, S. 40

tigungsmöglichkeiten. Der Strukturwandel im Ruhrgebiet hat zu einem deutlichen Rückgang der Beschäftigtenzahlen und damit zur Abwanderung von Bevölkerung im arbeitsfähigen Alter geführt. Insgesamt gab es im Ruhrgebiet 1980 noch 721 935 Beschäftigte im Bergbau und Verarbeitenden Gewerbe, 1997 nur noch 388 555. In den kreisfreien Städten war der Rückgang der Beschäftigtenzahl am größten. Sie betrug dort 1980 noch 484 161, 1997 nur noch 241 732 Personen.

Erwerbstätigkeit und Branchenstruktur
Eine differenziertere Darstellung der Beschäftigtenverhältnisse des Verarbeitenden Gewerbes im Ruhrgebiet zeigt, daß es Unterschiede zwischen den Branchen und in der Entwicklung der einzelnen Branchen gab. Da ist zunächst festzuhalten, daß 1988 der allergrößte Teil der Sozialversicherungspflichtig Beschäftigten im Wirtschaftszweig Eisen-, Metallerzeugung, Gießerei und Stahl-, Fahrzeugbau ADV beschäftigt war (Tab. 5).

Es zeigt sich zudem deutlich, daß die Entwicklung generell in der Zeit von 1988 bis 1992 mit z. T. einem Anstieg der Beschäftigten in einzelnen Branchen anders verlief als danach. Generell kann für diesen zeitweiligen Beschäftigungsanstieg der Impuls, den auch die Wirtschaft im Ruhrgebiet durch die Einigung Deutschlands erhielt, als Ursache angesehen werden.

Im Jahre 1988 zählten zu den zehn führenden Wirtschaftszweigen im Ruhrgebiet vier aus dem Bereich des Produzierenden Gewerbes. Nach dem Kriterium der Sozialversicherungspflichtig Beschäftigten nahm der Wirtschaftszweig Energie, Wasserversorgung, Bergbau mit 157 494 Personen den ersten Platz ein (Tab. 6).

Aus dem Dienstleistungssektor hatte schon damals der Einzelhandel mit 151 216 Personen eine fast ebenso große Zahl an Beschäftigten. In der Rangfolge kamen dann allerdings wieder drei Wirtschaftszweige aus dem Verarbeitenden Gewerbe: Eisen-, Metallerzeugung, Gießerei, Baugewerbe sowie Stahl- und Fahrzeugbau.

Da sich auch seit dieser Zeit der mit einem Stellenabbau verbundene Strukturwandel fortsetzte, kam es in den folgenden Jahren zu beachtlichen Verschiebungen in der Rangordnung der Wirtschaftszweige. Die beiden über Jahrzehnte bedeutendsten Zweige der Montanindustrie verloren immer mehr an Bedeutung und sanken auf Platz 4 (Energie, Wasserversorgung, Bergbau) bzw. sogar auf Platz 6 (Eisen-, Metallerzeugung, Gießerei) ab.

Weder 1988 noch 1997 gehörten zu den zehn größten Wirtschaftszweigen des Ruhrgebietes die in Deutschland so wichtigen Exportbranchen (Maschinenbau, Elektroindustrie, Chemische Industrie). Lediglich der für den Export der Bundesrepublik bedeutsame Fahr-

	1988	1992	1997
Chemische Industrie	48 310	48 954	36 409
Kunststoff, Gummi und Asbest	12 386	14 216	12 809
Steine, Erden, Feinkeramik, Glas	20 309	19 254	16 141
Eisen-, Metallerzeugung, Gießerei	138 040	131 223	90 301
Stahl-, Fahrzeugbau, ADV	107 859	112 685	92 646
Maschinenbau	47 772	48 705	30 932
Elektrotechnik	54 953	58 909	46 044
EBM, Feinmechanik	29 803	28 983	24 511
Holz, Papier, Druck	31 110	32 934	28 522
Leder, Textil, Bekleidung	15 621	15 475	11 045
Nahrung- und Genußmittel	43 859	42 037	32 507
Verarbeitendes Gewerbe insgesamt	550 029	553 370	421 867

Tab. 5:
Anzahl der sozialversicherungspflichtig Beschäftigten im Verarbeitenden Gewerbe des Ruhrgebietes
Quelle:
KVR, Städte- und Kreisstatistik 1996, S. 204; 1998, S. 117
Anm.: ADV = Automatische Datenverarbeitung
  EBM = Eisen-, Blech-, Metallwaren

Tab. 6:
Sozialversicherungspflichtig Beschäftigte in den zehn führenden Wirtschaftszweigen im Ruhrgebiet 1988 und 1997
Quelle:
KVR, Städte- und Kreisstatistik 1996, S. 204; 1998, S. 117
Anm.: ADV = Automatische Datenverarbeitung

Wirtschaftszweig	1988	Rang	1997	Rang
Energie, Wasserversorgung, Bergbau	157 494	1	98 524	4
Einzelhandel	151 216	2	150 160	1
Eisen-, Metallerzeugung, Gießerei	138 040	3	90 301	6
Baugewerbe	109 071	4	103 324	3
Stahl-, Fahrzeugbau, ADV	107 859	5	92 646	5
Gesundheits- und Veterinärwesen	99 512	6	128 405	2
Öffentliche Verwaltung	75 688	7	69 813	10
Großhandel	73 223	8	79 061	8
Wiss., Kunst, Publizistik	61 617	9	71 886	9
Rechts-, Wirtschaftsberatung, Immobilien	53 952	10	83 627	7

zeugbau war 1988 mit knapp 108 000 Beschäftigten vertreten und nahm den 5. Rang ein. Bei Rückgang der Beschäftigtenzahl auf 92 646 konnte jedoch auch bei dieser Branche bis 1997 (ebenfalls Rang 5) keine Verbesserung erreicht werden. Von dynamischer und exportorientierter Entwicklung kann keine Rede sein. Der Einzelhandel hatte 1997 nur etwa 1 000 Beschäftigte weniger als 1988. Durch den noch größeren Rückgang in den übrigen Wirtschaftszweigen konnte dieser Dienstleistungszweig auf den ersten Rang der Beschäftigtenskala im Ruhrgebiet vorrücken. Bis auf die öffentliche Verwaltung ist der Anteil der Erwerbstätigen im Dienstleistungssektor im letzten Jahrzehnt geringfügig angestiegen. Doch konnte insgesamt – wie die Arbeitslosenstatistik zeigt – die Zahl der freigesetzten Arbeitskräfte aus dem Produzierenden Sektor nicht durch den Dienstleistungssektor aufgefangen werden.

Der Arbeitsmarkt Ruhrgebiet
Arbeitslosigkeit ist nach wie vor eines der größten Probleme im Ruhrgebiet. Viele Menschen sind wegen der hohen, sich immer mehr verfestigenden Sockelarbeitslosigkeit dauerhaft von der Beschäftigung ausgeschlossen. Das sind in erster Linie ältere Personen, Personen ohne Ausbildung und Personen mit betrieblicher Ausbildung. In den letzten Jahren kamen jedoch auch mehr und mehr jüngere Menschen und zudem gutausgebildete Arbeitskräfte hinzu, die keinen Arbeitsplatz fanden.

Die zehn Arbeitsamtsbezirke des Ruhrgebietes hatten 1989 mit etwas mehr als 250 000 Arbeitslosen eine Arbeitslosenquote von 11,1 %. 1991 konnte die Gesamtzahl auf knapp 220 000 (9,9 %) reduziert werden (Abb. 16). Seitdem steigt sie jedoch wieder (1997 knapp 320 000 Personen = 14,6 %).

Den "Spitzenwert" erreichte der Arbeitsamtsbezirk Duisburg mit 17,4 %. Aber auch der Arbeitsamtsbezirk Dortmund, umfassend die Städte Dortmund, Lünen und Schwerte, hatte mit 16,9 % eine fast ebenso hohe Arbeitslosenquote. Und schließlich ist noch der Arbeitsamtsbezirk Gelsenkirchen (umfassend die Städte Gelsenkirchen, Bottrop und Gladbeck) mit 16,5 % Arbeitslosenquote zu nennen. Mit nur 11,5 % hatte 1997 der Kreis Wesel die geringste Arbeitslosenquote.

Unter den Arbeitslosen gab es 1990 einen Frauenanteil im gesamten Ruhrgebiet von 44,5 %. Bis auf 38,5 % war dieser Anteil bis 1994 zurückgegangen. Seitdem ist er wieder geringfügig bis auf 39,2 % angestiegen.

Tendenziell zeichnen sich diese Veränderungen in allen Arbeitsamtsbezirken ab. Betrachtet man für 1997 die Unterschiede zwischen

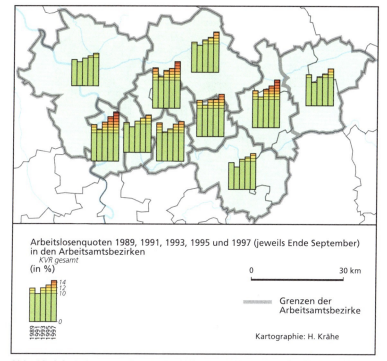

Abb. 16: Arbeitslosenquoten in den Arbeitsamtsbezirken des Ruhrgebietes in ausgewählten Jahren
Quelle: Arbeitsmarkt Ruhrgebiet. Strukturanalyse der Arbeitslosen im September 1997, S. 6

den einzelnen Arbeitsamtsbezirken (Abb. 17), dann muß festgestellt werden, daß im Arbeitsamtsbezirk Hamm (mit den Städten Hamm, Kamen und Unna) mit 44,5 % arbeitslosen Frauen der Anteil am höchsten war. Am geringsten war er im Arbeitsamtsbezirk Oberhausen (mit den Städten Oberhausen und Mülheim).

Besonders problematisch ist jedoch auch die Tatsache, daß der Anteil der Langzeitarbeitslosen 1990 im Durchschnitt im Ruhrgebiet 38,8 %, 1997 sogar schon 43,3 % der Arbeitslosen insgesamt ausmachte. Besorgniserregend ist zudem, daß im Laufe der letzten Jahre der Anteil der Langzeitarbeitslosen ständig angestiegen ist. Von 1990 – 1997 hat im Arbeitsamt Dortmund der Anteil von 40,5% auf 46,5% zugenommen, im Arbeitsamtsbezirk Recklinghausen stieg er von 34,4 % bis auf 44,6 % an.

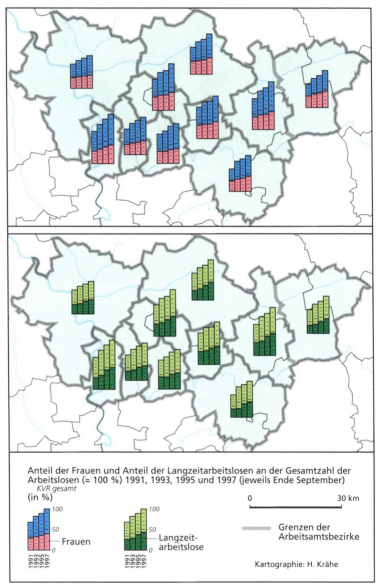

Abb. 17: Anteil der arbeitslosen Frauen und Anteil der Langarbeitslosen im Ruhrgebiet an der Gesamtzahl der Arbeitslosen in ausgewählten Jahren

Quelle: Arbeitsmarkt Ruhrgebiet. Strukturanalyse der Arbeitslosen im September 1997, S. 42

Die Entwicklung der Wirtschaftskraft und des verfügbaren Einkommens

Der Bruttowertschöpfungsanteil des Ruhrgebietes ist im Vergleich mit den sogenannten Aufstiegsregionen Süddeutschlands und im Vergleich zum gesamten Bundesgebiet kontinuierlich geringer geworden. 1964 betrug er 10,0 % an der Bruttowertschöpfung des gesamten Bundesgebietes, 1980 noch 8,6 % und 1991 nur noch 7,3 %. In ähnlicher Weise verringerte sich auch der Anteil der Beschäftigten von 8,8 % über 7,7 % bis auf 7,3 % (Angaben des KVR). Hinsichtlich der Entwicklung der Wirtschaftskraft und der Beschäftigtenentwicklung fand eine Abkopplung vom Entwicklungstrend des Bundesgebietes statt. Das ist bis in die Gegenwart so geblieben.

Im Vergleich zu 1976 konnte die Bruttowertschöpfung 1995 im Ruhrgebiet um 95 % gesteigert werden, im übrigen Nordrhein-Westfalen betrug die Steigerung hingegen 145 %. Die durchschnittliche jährliche Wachstumsrate der Bruttowertschöpfung betrug im Ruhrgebiet in der Zeit von 1976 bis 1995 3,6 %, im übrigen Nordrhein-Westfalen lag sie mit 4,8 % erheblich über diesem Wert.

Im Jahre 1976 belief sich im Ruhrgebiet der Anteil des Produzierenden Sektors an der Bruttowertschöpfung noch auf 57 %. Seitdem haben sich die Anteile stetig zugunsten des Tertiären Sektors verschoben, inzwischen hat der Dienstleistungssektor einen Anteil von 63,4 % an der Bruttowertschöpfung erreicht. Der Primäre Sektor, die Landwirtschaft, hat nur einen Anteil von 0,2 % an der Bruttowertschöpfung im Ruhrgebiet und ist somit vernachlässigbar gering (Abb. 18).

Auch eine andere Meßgröße zeigt die Veränderung im Ruhrgebiet. Es ist das verfügbare Einkommen, das als Wohlstands- und Kaufkraftindikator einer Region bezeichnet wird. 1995 lag das verfügbare Einkommen im Ruhrgebiet mit rd. 28 000 DM um knapp ein Drittel niedriger als im Durchschnitt Nordrhein-Westfalens. Doch die Unterschiede zwischen den Ruhrgebietsstädten waren enorm. So wies Herne nur ein verfügbares Einkommen von 25 000 DM je Einwohner auf, Mülheim jedoch 35 000 DM.

Wegen der struktur- und konjunkturpolitischen Bedeutung müssen als Kriterium für die Wirtschaftskraft einer Region noch die Bruttobau- und die Bruttoausrüstungsinvestitionen, die zusammen als Bruttoanlageinvestitionen bezeichnet werden, betrachtet werden. Im Jahre 1995 wurden im Ruhrgebiet für knapp 31 Mrd. DM Anlageinvestitionen getätigt, das waren nur 24,5 % der gesamten Investitionen Nordrhein-Westfalens. Das Investitionsvolumen wuchs in der Zeit von 1980 bis 1995 um 28,4 %. Im übrigen Nordrhein-Westfalen lag mit 56 % dieser Wert wesentlich höher (Städte- und Kreisstatistik Ruhrgebiet 1998, S. 210).

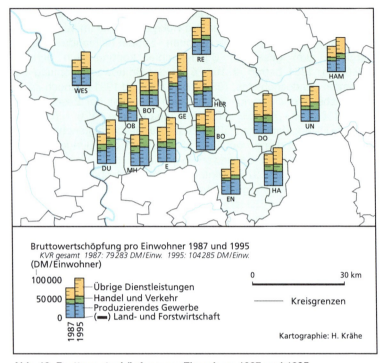

Abb. 18: Bruttowertschöpfung pro Einwohner 1987 und 1995
Quelle: KVR-Datenbank

Wirtschaftspolitische Rahmenbedingungen und Maßnahmen

Maßnahmen der Bundesregierung in den 1950er und der ersten Hälfte der 1960er Jahre

SCHLIEPER bezeichnet diese Entwicklungsphase des Ruhrgebietes als "defensive Phase", weil die damals ergriffenen politischen Maßnahmen darauf abzielten, die Wettbewerbsfähigkeit des Bergbaus durch Konzentration und Steigerung der Produktivität zu erhöhen und den Sektor durch politischen Flankenschutz zu erhalten (HAMM/WIENERT 1990, S. 163).

Das bedeutete in erster Linie Senkung der Förderkosten und der Kohlenpreise und Anpassung der Fördermengen an den Absatz.

Foto 8: Der Revierpark Mattlerbusch in Duisburg-Wehhofen mit Niederrhein-Therme

Wirtschaftspolitische Interventionen der Bundesregierung erfolgten und sollten den von Importkohle und Heizöl verursachten Wettbewerbsdruck regulieren. Anfang des Jahres 1959 wurde von der Bundesregierung der Kohlenzoll für Einfuhren aus Drittländern eingeführt. Die Wirkung blieb nicht aus. Die Importe nahmen rasch ab. Um das allzu schnelle Vordringen des Heizöls zu bremsen, wurde 1960 eine Heizölsteuer eingeführt. Die 1958 beschlossene Erhöhung der Bundesbahntarife für Steinkohle wurde aus Wettbewerbsgründen wieder zurückgenommen. 1962 gab es sogar noch Tarifsenkungen (JARECKI 1967, S. 205).

Hinzu kamen direkte Anpassungshilfen der Bundesregierung. Sie sollten es den Bergbauunternehmen erleichtern, Stillegungen oder Teilstillegungen vorzunehmen und den Bergarbeitern Überbrückungshilfen zu zahlen. Mit dem Ziel der Stillegung ganzer Schachtanlagen und der Rationalisierung wurden diese Anpassungshilfen in Anspruch genommen. Innerhalb eines Jahrzehnts (1958 – 1968) wurden zahlreiche Zechen geschlossen und viele Arbeitskräfte freigesetzt. Die Fördermenge erhöhte sich jedoch von 1950 – 1965 beträchtlich und verschärfte damit das Problem der Kohlenhalden.

Der Erhalt der Wettbewerbsfähigkeit der übrigbleibenden Zechen im Ruhrgebiet war oberstes Ziel. So wurden Organisationsstrukturen verändert. Die Zechengesellschaften schlossen sich Ende der 1960er Jahre zur Einheitsgesellschaft Ruhrkohle AG (RAG) zusammen.

Schlagartig wurde klar, daß eine monostrukturierte, allein auf den Steinkohlebergbau fixierte Wirtschaft in Krisenzeiten gewaltige Probleme mit sich bringen kann. In dieser Situation sah sich die Landesregierung von NRW gezwungen, einzugreifen. Sie tat das mit der Verabschiedung des Entwicklungsprogramms Ruhr im Jahre 1968.

Damit wurde die bis 1979 dauernde Phase eingeleitet, die von SCHLIEPER als eine Phase bezeichnet wurde, in der die defensive sektorale Strukturpolitik durch Elemente einer offensiven regionalen Strukturpolitik ergänzt wurde. In dieser dritten Phase wurde besonders auf indirekte Weise, z. B. über die Verbesserung der Infrastruktur, versucht, den strukturellen Wandel im Revier zu fördern (HAMM / WIENERT 1990, S. 163).

Regionalpolitische Maßnahmen des Landes Nordrhein-Westfalen ab Ende der 1960er Jahre

Das *Entwicklungsprogramm Ruhr 1968* war ein Novum in der Geschichte der deutschen Wirtschaftspolitik, denn zum ersten Male übernahm der Staat die wirtschaftspolitische Verantwortung für eine ganze Region (DEGE 1989, S. 17). Es war der erste mittelfristige Handlungsplan der Landesregierung und aus der Situation der besonderen Bedrängnis des Ruhrgebietes entstanden. Dieses regionale Sonderprogramm sollte einer Verbesserung der öffentlichen Grundausstattung im Ruhrgebiet dienen und die wirtschaftliche Krisensituation überwinden. Das Programm zielte vor allem auf Maßnahmen, die geeignet waren, die beabsichtigten Umstrukturierungsprozesse infrastrukturell zu flankieren. Acht Schwerpunkte wurden darin behandelt (vgl. Entwicklungsprogramm Ruhr 1968 bis 1973, 1968, S. 9). Davon seien an dieser Stelle nur einige herausgegriffen:

1. Soziale Sicherung und Umschulung.

Damit sollte denjenigen freigesetzten Arbeitskräften geholfen werden, die nicht sofort wieder einen Arbeitsplatz finden konnten. Öffentliche und betriebliche Leistungen und Vorsorgemaßnahmen in Form von Beihilfen von Bund und Land zur Einkommenssicherung und finanziell geförderte Umschulungsprogramme wurden aufgelegt. Es sollte vom Bund ein Gesamtsozialplan aufgestellt werden, es gab Abfindungsgeld für Arbeitnehmer im Steinkohlebergbau, betriebliche Lohnbeihilfen, Trennungsentschädigung, Familienheimfahrten, Lieferung von verbilligtem Hausbrand u.s.w. Die Bundesanstalt für Arbeitsvermittlung und Arbeitslosenversicherung übernahm Kosten für Umschulungen. Es sollten kleinere Umschulungszentren (z. B. in Gelsenkirchen und Bochum) aufgebaut werden, vier Versuchswerkstätten, u. a. in Essen und Gelsenkirchen, als geschützte Werkstätten.

2. Schaffung neuer industrieller Arbeitsplätze.

Es sollten Entscheidungen der Wirtschaft erleichtert werden, neue Betriebe im Ruhrgebiet anzusiedeln und bestehende zu erweitern. Dafür wurden staatliche Investitionshilfen zur Verfügung gestellt. Es mußten aber auch erforderliche Grundstücke vorhanden sein und erschlossen werden. Um die vorhandenen Kleinst- und Kleinflächen für die Ansiedlung von kleinen Betrieben zu räumen und herzurichten, stellte die Landesregierung für die Zeit von 1968 – 1973 für den Grunderwerb, das Abräumen und die Erschließung mehr als 90 Mio. DM zur Verfügung. Unter diesen Flächen waren allerdings nur wenige Standortkomplexe von 100 ha und mehr, auf denen sich Groß- und Wachstumsindustrie ansiedeln konnte.

3. Verkehrsinfrastruktur.

Verkehrsnetze im gesamten Ruhrgebiet – insbesondere das Straßennetz – sollten ausgebaut werden. So entstand z. B. 1970 der Emscher-Schnellweg, die A 42. So verbesserten sich die Bedingungen für die erforderliche räumliche Mobilität der Bevölkerung zwischen Wohnung, Arbeits- und Ausbildungsplatz (vgl. ECKART / NEUHOFF 1999, S. 44).

4. Ausbau regionaler Erholungseinrichtungen.
Es sollten in unmittelbarer Nachbarschaft von Wohngebieten ausreichend Erholungsflächen geschaffen werden. In der Emscherzone entstanden deshalb mehrere Revierparks für die Wochenend- und Tageserholung, z. B. der Revierpark Vonderort zwischen Bottrop und Oberhausen.
5. Information und Aufklärung über das Ruhrgebiet.
In der breiten Öffentlichkeit im In- und Ausland war durch die Kohlenkrise und die damit zusammenhängenden Auseinandersetzungen ein negatives Image entstanden. Dieses bedeutete eine psychologische Belastung für Industrieansiedlungen, die Abwanderung junger und leistungsfähiger Arbeitskräfte nahm zu und vermittelte insgesamt den Eindruck eines krisengeschüttelten Unruheherdes. Gegen diese Entwicklung und das negative Image sollte deshalb mit einer großen Informations- und Aufklärungskampagne angegangen werden.

Die Landesregierung war der Meinung, daß durch den Aufbau einer leistungsfähigen und den modernen Erfordernissen entsprechende Infrastruktur die Effizienz der Ruhrwirtschaft gesteigert werden könnte. Diese Vorstellung herrschte auch noch vor, als nur kurze Zeit später, nämlich 1970, das Nordrhein-Westfalen-Programm 1975 von der Landesregierung verabschiedet wurde. Der Unterschied zum Entwicklungsprogramm Ruhr von 1968 bestand darin, daß nun ganz NRW einbezogen wurde. Es ging nicht mehr nur um das Ruhrgebiet.

Das *NRW-Programm 1975*, im Jahre 1970 veröffentlicht, war der zweite mittelfristige Handlungsplan der Landesregierung. Es sollten damit Entwicklungsperspektiven bis Mitte der 1970er Jahre aufgezeigt werden. Das Landesentwicklungsprogramm aus dem Jahre 1964 und die Landesentwicklungspläne I und II aus den Jahren 1966/70 bildeten das räumliche Grundgerüst.

Die im Entwicklungsprogramm Ruhr (1968 – 1973) von 1968 bereitgestellten Investitionsmittel wurden nun in das NRW-Programm 1975 integriert.

Der angestrebte und aufgezeigte Wandel kam in mehreren Formulierungen zum Ausdruck:
– von der Kohle zur Atomenergie,
– von der Stagnation zum Wachstum,
– vom Bildungsnotstand zum Bildungsvorrang,
– von der Gebietsförderung zur Standortförderung,
– von der Straße zum Verkehrssystem,
– von der Schreibmaschine zum Computer (vgl. Nordrhein-Westfalenprogramm 1975, S. 1–3).

Um diesen Wandel zu erreichen, mußten in vielen Bereichen Änderungen vorgenommen werden. Diese betrafen z. B. das Schulwesen, und da besonders das Berufsbildende Schulwesen. Dort wurden mit Schuljahrebeginn 1971/72 die Fachoberschulen (für Technik, für Wirtschaft und für Hauswirtschaft) als Zugangsvoraussetzung für die Fachhochschulen eingerichtet.

In die damalige Hochschuloffensive ist auch die Gründung mehrerer Gesamthochschulen und der Fernuniversität-GH Hagen einzuordnen. Für das Ruhrgebiet ist in diesem Zusammenhang als einzige universitäre Einrichtung der Stadt Bottrop das Studienzentrum zu nennen, das als regionale Fernstudieneinrichtung den Auftrag hat, die in der Region wohnenden Fernstudenten zu beraten und in den fachbezogenen Kursen des Grundstudiums zu betreuen (vgl. ECKART/ NEUHOFF 1999, S. 117).

Ein weiterer wichtiger Aspekt des NRW-Programmes 1975 war die Wirtschaftsförderung. Dieser wurde größere Aufmerksamkeit zuteil als bisher. Doch in allen Ruhrgebietsstädten war die Flächenbereitstellung nach wie vor das größte Problem.

Mit den beiden ersten Programmen der Landesregierung, dem Entwicklungsprogramm Ruhr von 1968 und dem Nordrhein-Westfalen Programm 1975 von 1970 konnte eine wirtschaftsstrukturelle Erneuerung des Ruhrgebietes nicht erreicht werden. Allerdings war ein Anfang gemacht worden. Und während in der zweiten Hälfte der 1970er Jahre mehrere neue Industriebetriebe die Wirtschaftsstruktur in den Städten zu verändern begannen, vollzog sich ein weiterer Wandlungsprozeß, der als kommunale Neugliederung bekannt geworden ist.

Mit der *kommunalen Neugliederung* in NRW wurde erneut eine Möglichkeit gesucht, dem gesamten Land, und damit auch dem Ruhrgebiet, einen weiteren Entwicklungsimpuls zu geben. Forderungen nach einer allgemeinen Territorialreform kamen auf. Diese wurden noch durch die Erkenntnis verstärkt, daß bei dem rasch wachsenden Fortschritt kleine und kleinste Gemeinden immer weniger ihre Aufgaben erfüllen konnten.

Obwohl der ländliche Raum in NRW sehr schnell neu geordnet werden konnte, gab es große Probleme im Ruhrgebiet, und dort besonders in der Ballungsrandzone, wenn, wie bei Bottrop der Fall war, eine kreisfreie Stadt an einen Landkreis angrenzte.

Sehr intensiv wurden unterschiedliche Modelle einer Neugliederung diskutiert: Das Städte- und Kreismodell und das Städteverbandsmodell standen im Mittelpunkt (Abb. 19). Spektakulär war der Fall Bottrop deshalb, weil die Entscheidung, Bottrop, Gladbeck und Kirchhellen zu

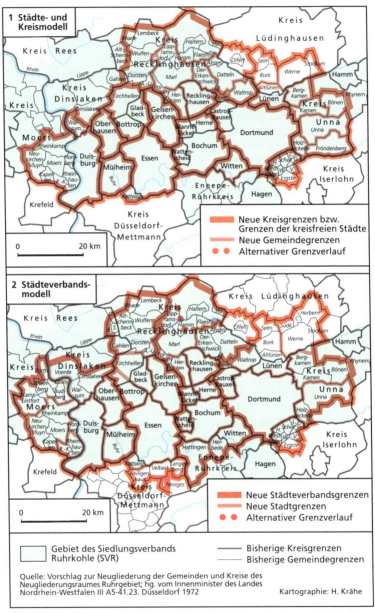

Abb. 19: Städte- und Kreismodell und das Städteverbandsmodell für die Neugliederung des Ruhrgebietes

Quelle: Vorschlag zur Neugliederung der Gemeinden und Kreise des Neugliederungsraumes Ruhrgebiet; hrsg. v. Innenminister des Landes Nordrhein-Westfalen III, 15-41.23. Düsseldorf 1972

einer neuen Stadt zusammenzufassen, rückgängig gemacht werden mußte. Gladbeck war mit dieser Lösung nicht einverstanden. Stattdessen gab es einen Zusammenschluß von Bottrop mit Kirchhellen zur neuen kreisfreien Stadt Bottrop (1.7.1979), wobei die Stadtfläche auf mehr als das doppelte anstieg (vgl. ECKART / NEUHOFF 1999, S. 48).

Mit dem Entwicklungsprogramm Ruhr von 1968 und dem Nordrhein-Westfalen-Programm 1975 von 1970 waren keineswegs die Aktivitäten der Landesregierung beendet.
Inzwischen entstand großer Handlungsbedarf noch an anderer Stelle. Es war neben der Steinkohle noch ein anderer Wirtschaftszweig in die Krise geraten: die Eisen- und Stahlindustrie. Sie war lange Zeit neben der Steinkohlenwirtschaft die zweite tragende Säule der Ruhrgebietswirtschaft.
Während noch ein großer Teil der freigesetzten Arbeitskräfte aus dem Steinkohlebergbau in der Expansionsphase in der Eisen- und Stahlindustrie eingesetzt werden konnte, existierte nun auch in dieser Branche kein Arbeitskräftebedarf mehr, und die Arbeitslosigkeit stieg schnell an.
So hielt es die Landesregierung weiterhin für notwendig, sozioökonomische Wandlungsprozesse zu steuern und zu lenken. Sie verabschiedete 1979 das Aktionsprogramm Ruhr, das für 1980 – 84 gültig sein sollte. Damit begann die derzeit letzte Phase der wirtschaftspolitischen Entwicklung des Ruhrgebietes nach dem Zweiten Weltkrieg, nach SCHLIEPER (1986) eine Übergangsphase, bei der offensive regionale Strukturpolitik immer wichtiger wurde.

Die hohe Arbeitslosigkeit im Ruhrgebiet veranlaßte die Landesregierung, im Jahre 1979 in Castrop-Rauxel eine Ruhrgebietskonferenz durchzuführen. Das Ergebnis war das *Aktionsprogramm Ruhr 1980 – 1984.* Es entstand aus dem Willen von Bund, Land und Gemeinden, von Wirtschaft, Handwerk, Gewerkschaften und Verbänden, dem Revier Hilfe zur Selbsthilfe zu leisten, um den Erneuerungsprozeß zu fördern (vgl. NEUROHR 1990, S. 26).
Es ging auch in diesem Programm um einige Schwerpunkte. Maßnahmen der infrastrukturellen Grundausstattung spielten kaum noch eine Rolle. Es ging u. a. um:
– verstärkte Nutzung von Industrie- und Zechenbrachen,
– Bekämpfung der Arbeitslosigkeit,
– Förderung der Hauptschulen,
– soziale und berufliche Integration und Sicherung der Zukunftschancen ausländischer Kinder und Jugendlicher,
– die Sportförderung und

– Entwicklung des kulturellen Lebens (vgl. Das Aktionsprogramm ... 1979, S. 4).

Verstärkt sollten nun Industrie- und Zechenbracheflächen in Nutzung genommen werden. Einzelflächen von 1,5 bis 50 ha wurden vom Siedlungsverband Ruhrkohlenbezirk (SVR) auf insgesamt 2 500 ha geschätzt (vgl. ebenda, S. 33).

Um diese Bracheflächen zu reaktivieren, war vorgesehen, einen "Grundstücksfonds Ruhr" zu bilden, weil trotz bisheriger einzelner Aktivitäten die Gemeinden nicht alle Zechen- und Industriebracheflächen reaktivieren konnten. Übergreifend koordinierter Einsatz von Mitteln sollte den Ruhrgebietsgemeinden helfen, die knappen Flächen wieder zu nutzen und die privaten Investitionsinteressen wieder ins Ruhrgebiet zu lenken. Dem Ausbluten des Ballungskerns wollte man auf diese Weise entgegenwirken.

Einen wichtigen Impuls bekam mit diesem Programm die Entwicklung des Sports im Ruhrgebiet. Im Vergleich zum übrigen NRW war dieser in der Emscherzone stark unterentwickelt. Es gab einen erheblichen Fehlbestand an Sportplätzen, -hallen, Hallen- und Freibädern. Um diese Defizite im einzelnen aufzuzeigen und geeignete Fördermaßnahmen zu erproben, sollten im Projekt "Sport im Ruhrgebiet" über die Dauer von drei Jahren in den Städten Bottrop, Gelsenkirchen, Herne und Oberhausen Modellversuche durchgeführt werden. Es sollte der Ausbau von Sportstadien vorgenommen werden. Den Ausbau der Zuschauerkapazitäten, die Verbesserung der Verkehrsanbindung, die Ausweitung der Parkplätze und Sportnebenanlagen galt es zu berücksichtigen.

Die von den drei genannten Programmen der Landesregierung ausgegangenen Impulse konnten die Wirtschafts- und Sozialstruktur im Ruhrgebiet in einigen Bereichen verändern. Aber der ganz große Durchbruch – nämlich eine Modernisierung der Wirtschaft und eine merkliche Veränderung der Sozialstruktur – konnte immer noch nicht erreicht werden. So waren weitere Aktivitäten notwendig. Ende der 1980er Jahre wurde der Umbau des Ruhrgebietes durch den Ansatz der Regionalisierung der Strukturpolitik gefördert.

Der dezentrale Ansatz *Zukunftsinitiative Montanregionen (ZIM) und Zukunftsinitiative Nordrhein-Westfalen (ZIN)* der Landesregierung wurde 1987 ins Leben gerufen. Damit sollten in erster Linie die regionalen Informations- und Organisationspotentiale erschlossen werden. Weil diese strukturpolitische Maßnahme auf sehr große Resonanz stieß, wurde sie auf ganz Nordrhein-Westfalen ausgedehnt. Das wichtigste Ziel war es, eine höhere Zielgenauigkeit und damit Effektivität der

Projekte zu erreichen sowie die Effizienz der eingesetzten Mittel zu erhöhen. Die Zusage der Landesregierung, die durch Kammern, Kommunen und andere Institutionen vor Ort erstellten Aktionsprogramme vorrangig zu unterstützen, hatte zur Folge, daß man sich in der Region auf Entwicklungsziele und Wirtschaftsprojekte verständigen mußte. Zunächst entwickelten die regionalen Akteure Projektvorschläge für die in Frage kommenden Regionen. Diese Vorschläge wurden in der nächsten Instanz durch den Regierungspräsidenten evaluiert und durch eine Kommission folgenden Aktionsfeldern zugeteilt:
– Innovations- und Technologieförderung,
– weitere Qualifizierung der Arbeitskräfte,
– Sicherung und Schaffung von Arbeitsplätzen,
– Modernisierung der Infrastruktur und
– Verbesserung der Umweltsituation in den Regionen.
Es gab vier ZIN-Regionen des Ruhrgebietes. Die Finanzierung der Projekte in diesen Regionen erfolgte aus unterschiedlichen Fördertöpfen des Landes, des Bundes und der EU (vgl. KILPER u. a. 1994). Über die Mittelzuweisung entschied die Landesregierung.

In die Richtung der Regionalisierung der Strukturpolitik ging auch gegen Ende der 1980er Jahre noch ein weiterer Vorstoß, die *Internationale Bauausstellung Emscherpark (IBA)*.

Die IBA war ein Strukturprogramm des Landes NRW zur sozialen, ökologischen und ökonomischen Erneuerung des nördlichen Ruhrgebietes. Es wurde im Mai 1988 von der Landesregierung NRW beschlossen und war Ende 1999 beendet. Die Landesregierung wollte mit Wirtschaft und Berufsverbänden bei der Erneuerung der Emscherzone langfristig zusammenarbeiten, um die Standortnachteile dieser Region gemeinsam zu beseitigen (Abb. 20).

Sie wollte mit der IBA-Emscherpark alte Industrieanlagen umbauen, Landschaft erneuern und neue Standorte für die wirtschaftliche Entwicklung dieser Region aufbereiten. Die Vorstellung von Natur und gestalteter Umwelt kommt in der Bezeichnung "Park" zum Ausdruck, zugleich also Naturpark, Freizeitpark, Industriepark.

In 7 Aufgabenfeldern sollte die Erneuerung der Emscher-Region angegangen werden:
– Wiederaufbau von Landschaft – Der Emscher Landschaftspark
Die vom SVR schon in den 1920er Jahren geplanten, erstellten und gepflegten Nord-Süd-Grünzüge wurden im Rahmen der IBA ausgebaut und mit einem Ost-West-Grünzug verbunden. Ein Rad- und Wanderwegesystem erschließt den Emscher-Park und macht ihn so erfahrbar.

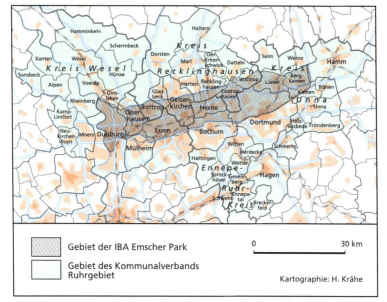

Abb. 20: Der Raum der Internationalen Bauausstellung Emscherpark (IBA) im Ruhrgebiet
Quelle: Angaben der IBA-Emscher-Park

– ökologische Verbesserung des Emscher-Flußsystems
Als das Abwassersystem der Emscher vor mehr als 100 Jahren gestaltet wurde, gab es zu diesem Konzept keine Alternative. Da der Bergbau damals in der Emscherzone sehr aktiv war, konnte man keine unterirdischen Rohrleitungen zum Abwassertransport anlegen. Diese hätten zwar schon damals die Geruchsbelästigung minimiert, durch Bergsenkungen hätte es aber andererseits häufig Rohrbrüche gegeben. Heute, nachdem der Bergbau weiter nach Norden gewandert ist, wird in dem Gebiet unter der Emscher nur noch vereinzelt Bergbau betrieben. Bergabsenkungen sind deswegen heute vergleichsweise selten. Diese neue Situation läßt eine unterirdische Kanalisation heute zu und ist unter den heutigen Ökologiestandards sinnvoll, machbar und notwendig.
– Rhein-Herne-Kanal als Erlebnisraum
Durch den Rückgang von Montanindustrie und Bergbau ist ein weiterer Verlust des Transportvolumens von Massengütern vorprogrammiert. Damit verbunden wird sich die Bedeutung des Rhein-Herne-Kanals zunehmend von der Funktion "Schiffahrtsweg" zu seinen bisherigen Nebenfunktionen "Wasserwirtschaft", "Freizeit" und "Sport"

verschieben. Diese "Nebenfunktionen" haben sich im Laufe der Zeit eher beiläufig entwickelt und weisen daher keinerlei planerische Vorleistung auf. Ziel der IBA war es daher, den Rhein-Herne-Kanal zu einem großen Erlebnis am Wasser für die Bevölkerung des Emscherraumes und weit darüber hinaus zu gestalten und dabei die technischen und landschaftlichen Qualitäten dieses Wasserweges zu nutzen.

– Industriedenkmäler als Kulturträger

In der 150jährigen Tradition des Ruhrgebietes als Industriestandort sind in der Region, besonders aber im Emscherraum, eine Vielzahl von Bau- und Technikdenkmälern bis heute erhalten geblieben. Sie stammen zum großen Teil aus der Zeit des 19. und Anfang des 20. Jh. Wegen hoher Kosten, die die Eigentümer bezahlen müßten, um diese Denkmäler zu erhalten, besteht die Tendenz, technische Anlagen zu verschrotten und die baulichen Anlagen zu beseitigen. Damit würde aber ein großes Stück Identität genommen werden. Gerade das, was das Ruhrgebiet berühmt und einmalig gemacht hat, würde man damit vernichten. Daher war es auch die Aufgabe der Internationalen Bauausstellung, wichtige Denkmäler zu erhalten und so die kulturelle Identität der Region mehr bewußt zu machen.

– Arbeiten im Park

Unter dem Begriff "Arbeiten im Park" waren ausgewählte Standorte zusammengefaßt, die durch das Zusammenwirken von öffentlichen und privaten Investitionen zu einer hohen Qualität und Attraktivität entwickelt werden sollten. Dafür stehen Bezeichnungen wie "Industriepark", "Gewerbepark", "Dienstleistungspark" und "Wissenschaftspark". Damit bot der Begriff "Arbeiten im Park" einen gleichermaßen hohen Stellenwert für den ökologischen und ökonomischen Umbau dieser Industrieregion.

– neue Wohnformen und Wohnungen

Das derzeit ausgewogene Verhältnis von Wohnungen und Haushalten im Ruhrgebiet darf nicht darüberhinweg täuschen, daß die Qualität und Größe dieser Wohnungen aufgrund neuer Lebensstile und Lebensformen oft unzureichend ist. Dies gilt aber nicht nur für die Wohnungen, sondern auch für den Städtebau.

– neue Angebote für soziale, kulturelle und sportliche Tätigkeiten

In der Vergangenheit ist es aufgrund technologischer und organisatorischer Innovationen zu bemerkenswerten Verkürzungen der Arbeitszeit gekommen. Außerdem erfordern der Abbau der Arbeitslosigkeit und ein größeres Angebot der Erwerbstätigkeit für Frauen eine gerechtere Verteilung der Arbeit und somit Arbeitszeitverkürzungen. Somit steht die Bevölkerung vor dem "Problem", diese Freizeit sinnvoll auszufüllen. Abgesehen von neuen Formen der Erwerbstätigkeit und sozialen Tätigkeiten wird aber auch die Eigeninitiative in Haus-

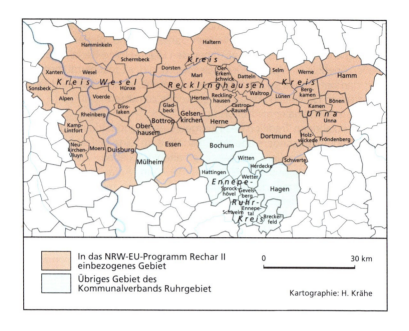
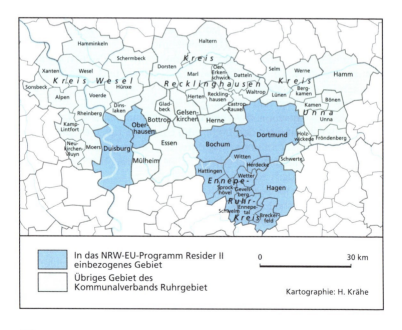

Abb. 21: In das NRW-EU-Programm Rechar II einbezogene Gebiete des Ruhrgebietes
Quelle: Minist. f. Wirtschaft u. Mittelstand, Technologie und Verkehr NRW

halt, Wohnung und Garten, Wohnumfeld, Nachbarschaft und Stadtviertel immer wichtiger werden. Die IBA hat versucht, darauf neue Antworten zu finden. So sollten neue Angebote bereitgestellt werden, verbunden mit der Erneuerung alter Stadtteile und dem Wiederaufbau von Freiräumen, die die Voraussetzung für Eigenarbeit und soziale Tätigkeiten verbessern sollte. (vgl. GANSER 1990, S. 2).

Regionalpolitische Maßnahmen des Bundes

Am 6. Oktober 1969 (BGBl. I, S. 1861) wurde das Bundesgesetz über die Gemeinschaftsaufgabe "Verbesserung der regionalen Wirtschaftsstruktur" beschlossen und in den folgenden Jahrzehnten mehrfach geändert und ergänzt.

Das Ruhrgebiet konnte von diesem Gesetz profitieren, weil:
1. seine Wirtschaftskraft erheblich unter dem Bundesdurchschnitt liegt oder erheblich darunter abzusinken droht und
2. dort Wirtschaftszweige vorherrschen, "die vom Strukturwandel in einer Weise betroffen oder bedroht sind, daß negative Rückwirkungen auf das Gebiet in erheblichem Umfang mit geförderten Projekten innerhalb benachbarter Fördergebiete stehen." (§ 1, Abs. 2: Anwendungsbereich der Gemeinschaftsaufgabe).

Ziel war dabei auch im Ruhrgebiet:
1. Die Förderung der gewerblichen Wirtschaft bei Errichtung, Ausbau, Umstellung oder grundlegender Rationalisierung von Gewerbebetrieben,
2. Förderung des Ausbaus der Infrastruktur, soweit es für die Entwicklung der gewerblichen Wirtschaft erforderlich ist, durch
a) Erschließung von Industriegelände im Zusammenhang mit Maßnahmen nach Nr. 1,
b) Ausbau von Verkehrsverbindungen, Energie- und Wasserversorgungsanlagen, Abwasser- und Abfallbeseitigungsanlagen sowie öffentliche Fremdenverkehrseinrichtungen,
c) Errichtung oder Ausbau von Ausbildungs- und Umschulungsstätten, soweit ein unmittelbarer Zusammenhang mit dem Bedarf der regionalen Wirtschaft an geschulten Arbeitskräften besteht.

Abb. 22: In das NRW-EU-Programm Resider II einbezogene Gebiete des Ruhrgebietes
Quelle: Minist. f. Wirtschaft u. Mittelstand, Technologie und Verkehr NRW

Der 27. Rahmenplan der Gemeinschaftsaufgabe "Verbesserung der regionalen Wirtschaftsstruktur" für den Zeitraum von 1998 – 2001 trat am 1. Januar 1998 in Kraft.

Die GA-Förderung war zunächst auf die Industrie konzentriert. Mittlerweile ist die Liste der förderfähigen Wirtschaftszweige (Positivliste) um 18 Dienstleistungsbereiche und 21 Handwerkszweige ergänzt worden.

Die Fördergebiete der Gemeinschaftsaufgabe wurden zum 1. Januar 1997 neu abgegrenzt: Zum Normalfördergebiet im Ruhrgebiet gehören die Arbeitsmarktregionen Bochum (ohne die Stadtteile Höntrop, Eppendorf, Linden, Langendreer-Süd, Oberdahlhausen), Dortmund (ohne die Stadtteile Aplerbeck-Süd, Hörde-Süd, Hombruch-Süd), Duisburg, Essen (ohne die Stadtteile Fuhlenbrock, Batenbrock-Süd, Bottrop-West, Boy und Eigen in Bottrop), Gelsenkirchen, Hamm (ohne die Stadtteile Innenstadt-Ost, Uentrop-Süd, Rhynern-Nord), Ennepe-Ruhr-Kreis (davon die Gemeinden Hattingen, Witten ohne die Stadtteile Kohlensiepen, Wartenberg, Gedern, Rüdinghausen-Mitte, Buchenholz, Steinhausen, Bommerbank, Bommerfeld, Wettberg, Buschey, Bommeregge, Wanne, Lake, Bommerholz-Muttental, Durchholz), Recklinghausen, Unna, Wesel (davon die Gemeinden Dinslaken, Hünxe, Kamp-Lintfort, Moers, Neukirchen-Vluyn, Rheinberg, Voerde (Niederrhein) (27. Rahmenplan 1998, S. 89 – 100).

Regionalpolitische Maßnahmen der Europäischen Union

Der EU-Anteil an der regionalen Förderung des Ruhrgebietes ist in den letzten Jahren immer bedeutender geworden. Es gehört zu den Ziel-2-Gebieten der EU-Strukturpolitik. Weil das Ruhrgebiet von der rückläufigen Entwicklung besonders betroffen ist, stellt die EU aus Mitteln des Europäischen Fonds für Regionale Entwicklung (EFRE) und des Europäischen Sozialfonds (ESF) mit Ausnahme der Stadt Mülheim für das gesamte Ruhrgebiet Geld zur Verfügung (SCHRADER 1998, S. 454).

Von 1988 – 1997 gab es auf Initiative der EU-Kommission Gemeinschaftsinitiativen, die einen "Beitrag zur Umstellung der von der Umstrukturierung der Eisen- und Stahlindustrie betroffenen Regionen" leisten sollten. Es waren Europäische Regionalfonds für verschiedene Regionalfördergebiete, die bestimmten Problemkategorien entsprachen. Für das Ruhrgebiet kamen die Gemeinschaftsinitiative "RECHAR II" (wirtschaftliche Umstellung der Kohlegebiete) und "RESIDER II" (wirtschaftliche Umstellung der Stahlgebiete) zur Anwendung. Das NRW-EU-Programm "RECHAR II" gilt nicht für den Ennepe-Ruhr-Kreis und die kreisfreien Städte Bochum, Hagen und Mülheim (Abb. 21). Das NRW-EU-Programm "RESIDER II" umfaßt nur einen geringen Teil des Ruhrreviers (Abb. 22).

Das Ruhrgebiet und die Lokale Agenda 21

Im Jahre 1992 fand in Rio de Janeiro die Konferenz der Vereinten Nationen für Umwelt und Entwicklung statt. Auf dieser wurde mit der Agenda 21 ein Aktionsplan für das 21. Jahrhundert vorgestellt und von 178 Staaten der Erde, darunter auch der Bundesrepublik Deutschland, unterzeichnet. Die Konferenz wurde zum Symbol für eine neue Qualität des Bewußtseins und der Zusammenarbeit in der Umwelt- und Entwicklungspolitik.

Foto 9: Lokale Agenda-Veranstaltung in Hattingen

Die Besonderheit an diesem Aktionsplan ist, daß die Bereiche ökologische Nachhaltigkeit, soziale Gerechtigkeit und ökonomische Effizienz – trotz vorhandener Zielkonflikte – nicht gegeneinander ausgespielt werden dürfen, sondern daß sie als gleichberechtigte Schwerpunkte in die Entwicklungen miteinbezogen werden müssen. Das Leitbild der "Nachhaltigkeit" wurde zum Prinzip globaler Zukunftsstrategien erklärt. Die Entwicklung und der Fortschritt müssen sich an der dauerhaften Tragfähigkeit der natürlichen Lebensgrundlagen orientieren. Das Rio-Dokument besteht aus 40 Kapiteln und zeigt darin nicht nur Entwicklungsziele, sondern auch Wege zur Erreichung dieser Ziele auf.

Damit die Verantwortung für notwendige Veränderungen für das Überleben der Menschheit nicht nur anonym und auf Regierungsebene bleibt, werden in Kapitel 28 die Kommunen angesprochen und aufgerufen, eine Lokale Agenda 21 zu erarbeiten und bis 1996 mit der Wirtschaft, den örtlichen Organisationen und den Bürgern in einen Dialog zu treten.

In Deutschland liegen die inhaltlichen Schwerpunkte der Agenda 21 auf den Bereichen Energie- und Klimaschutz, Verkehr- und Landschaftsschutz sowie Bauen und Flächennutzung. Zur Bündelung der vielfältigen Aktivitäten und zur effektiveren Gestaltung des Aktionsprogramms hatte das Umweltbundesamt bereits 1996 ein Forschungsprojekt "Umweltwirksamkeit kommunaler Agenda–21–Pläne" an den Internationalen Rat für kommunale Umweltinitiativen (ICLEI) vergeben.

Bereits nach einem Jahr (also 1997) hatten nach Angaben von ICLEI in Deutschland rd. 100 Städte und Gemeinden Initiativen für eine Lokale Agenda 21 ergriffen und sich in einem Netzwerk zusammengeschlossen. Auf Workshops tauschten sie regelmäßig Informationen aus. Nach Abschluß des Projektes, Mitte 1998, entstand ein praxisnaher Leitfaden, der den Kommunen helfen sollte, Probleme vor Ort zu lösen.

Im Januar 2000 gab es in der gesamten Bundesrepublik inzwischen 1 360 kommunale Beschlüsse zur Lokalen Agenda 21, allein davon 213 in Nordrhein-Westfalen (CAF / Agenda-Transfer, Bonn). Im Kommunalverband Ruhrgebiet besteht bereits fast ein flächendeckendes Netz, d. h., alle kreisfreien Städte und fast alle Kommunen der Landkreise haben gegenwärtig einen kommunalen Beschluß zur Lokalen Agenda gefaßt (Abb. 23). Die Lokale Agenda 21 ist das langfristige Aktionsprogramm einer Kommune für eine zukunftsbeständige Entwicklung vor Ort (Handbuch Lokale Agenda 21, S. 25).

In mehreren kreisfreien Städten des Ruhrgebietes gibt es inzwischen sog. Agenda-Büros, Koordinierungsstellen für die

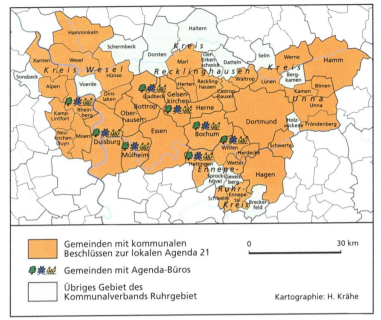

Abb. 23: Kommunale Beschlüsse zur Lokalen Agenda 21 im Ruhrgebiet
Quelle: CAF / Agenda-Transfer, 2000 (www.agenda-transfer.de)

komplexen Aktivitäten und den Aufbau von Netzwerken (Bochum, Gelsenkirchen, Gladbeck, Hattingen, Mülheim / Ruhr, Witten u. a.). Es sind Anlaufstellen für alle Beteiligten, um den örtlichen Dialogprozeß zwischen Verwaltung, Politik, Verbänden, Wirtschaft und Bürger realisieren zu können. Hier werden Akteure innerhalb und außerhalb der Verwaltung zusammengeführt, hier wird Presse- und Öffentlichkeitsarbeit geleistet, um die Bevölkerung zu informieren, um Veranstaltungen vorzubereiten, um Anfragen von Bürgern zu beantworten u. a. (Handbuch Lokale Agenda 21 1998, S. 57). Die Größe dieser Anlaufstelle und die Zahl der dafür notwendigen Mitarbeiter hängt neben der politischen Bedeutung davon ab, welche Bedeutung der Lokalen Agenda 21 zugemessen wird, selbstverständlich auch von der Gemeindegröße. In den meisten Kreisen und Städten des Ruhrgebietes gab es am 1.1.2000 keine Lokale–Agenda–Büros, sondern nur Agenda-Beauftragte, die zum überwiegenden Teil beim Planungs-, Bau- oder Umweltamt angestellt waren.

Der Dialogprozeß zwischen Verwaltung, lokalen Akteuren und Bürgern / Bürgerinnen erfordert Koordination und Zusammenführung.

Auf welcher organisatorischen Grundlage dieser Prozeß funktionieren kann, soll das Beispiel des *Agenda-Büros in Hattingen* zeigen. Dort wurde im Frühjahr 1998 ein hauptamtlicher Verwaltungsmitarbeiter mit den Aufgaben zur Vorbereitung, Durchführung und Koordinierung des Beteiligungsprozesses betraut. Die Stelle des Agenda-Büros wurde organisatorisch der Abteilung Umwelttechnik, jetzt Büro Umweltschutz, zugeordnet. Seit Februar 1999 wird die Arbeit im Agenda-Büro durch eine ABM-Mitarbeiterin unterstützt. Zu den Aufgaben des Agenda-Büros gehören die

- Durchführung von Projekten, Aktionen, Ausstellungen, Kooperationsveranstaltungen,
- Auswertung agendarelevanter Veröffentlichungen, Erstellung von Informationsmaterial, Präsentation der Agenda 21 durch Infostände,
- Federführung im ämterübergreifenden Verwaltungsarbeitskreis Energie,
- Koordinierung und inhaltliche Begleitung der Arbeit der Agenda-Facharbeitskreise,
- Dokumentation von Ergebnissen der Agenda-Gremien, Berichterstattung an die Ratsgremien, Vorbereitung des Ratsbeschlusses / der endgültigen Fassung der Hattinger Agenda 21,
- Koordination / Durchführung der mit der Hattinger Agenda 21 verabschiedeten Maßnahmen.

Das Agenda-Büro beteiligt sich auch am interkommunalen Erfahrungsaustausch und ist Mitglied der seit Februar 1999 bestehenden Landesarbeitsgemeinschaft Lokale Agenda (1. Sachstandsbericht zur Hattinger Agenda 21, S. 8–9).

Foto 10: Die Emscher zwischen Essen und Bottrop mit Müllheizkraftwerk Essen-Karnap

Ausblick

Sozioökonomische Strukturveränderungen brauchen ständig neue Impulse. Diese wurden in der Vergangenheit für das Ruhrgebiet u. a. durch das Entwicklungsprogramm Ruhr, durch das NRW-Programm, durch die kommunale Neugliederung, durch das Aktionsprogramm Ruhr und das IBA-Projekt gegeben.

Foto 11: Die Ruhraue zwischen Essen-Kettwig und Mülheim / Ruhr

Auch in Zukunft sind solche Impulse notwendig. Weltwirtschaftliche Verflechtungen und die Globalisierung spielen jedoch eine immer größere Rolle. Doch wenn auch zukünftig global gedacht werden soll, dann muß lokal gehandelt werden, und das heißt, sich auf die Probleme und Möglichkeiten besinnen, die es in unserem Exkursionsraum Ruhrgebiet gibt. Deshalb wird in Zukunft wohl die Umsetzung der Lokalen Agenda 21 eine wesentliche Bedeutung bekommen und zur nachhaltigeren Entwicklung des Raumes führen.

Die schon deutlich zu beobachtenden Trends werden sich in allen Bereichen in den nächsten Jahren fortsetzen: Beweglichkeit, Anpassungsfähigkeit, Kooperationsbereitschaft werden in Zukunft wichtiger denn je. Alte Strukturen im sozioökonomischen Bereich werden schneller verändert als bisher. Die Tertiärisierung der Wirtschaft wird weiter zunehmen, das Auslagern von Produktion und Dienstleistungen aus Unternehmen wird zunehmen. Zu diesem Outsourcing kommt eine aktuelle Entwicklung, das Facility Management. Dabei handelt es sich in erster Linie um Dienstleistungen rund um Immobilien, die ausgegliedert und in neuen Unternehmen angeboten werden.

Exkursionen

Foto 12: Duisburg-Innenhafenbereich im Wandel Mitte der 1990er Jahre

Ausgewählte Ruhrgebietsstädte im sozioökonomischen Strukturwandel

Exkursion 1

Strukturwandel und Stadtentwicklung in Duisburg

B. Deilmann

Exkursionsroute (eintägige Bus- oder Autoexkursion, ca. 40 km); alle Exkursionspunkte sind auch mit öffentlichen Verkehrsmitteln zu erreichen:
(Universität Duisburg – Duisburg Hbf. –) Burgplatz / Alter Markt – Innenhafen – Ruhrort / Ruhrorter Häfen – August-Thyssen-Hütte (Halde Alsumer Straße) – Bruckhausen – Marxloh (Schwartzkopffstr. / Pollmannkreuz) – Landschaftspark Duisburg-Nord – ElecTronicPark (Bismarckstr.)

Exkursionsinhalt:
Die Exkursion soll, die Entwicklung der Stadt Duisburg in ihrem historischen Kontext darstellen und am Beispiel ausgewählter Teilräume die wechselseitigen Beziehungen zwischen dem wirtschaftlichen Strukturwandel und aktuellen Prozessen der Stadtentwicklung aufzeigen.

Foto 13: MicroElectronic Centrum im ElecTronic Park Duisburg

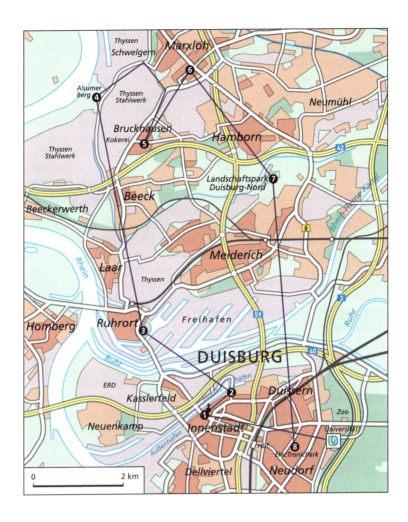

❶ *Burgplatz / Alter Markt*

Den Ausgangspunkt für die Siedlungsentwicklung in Duisburg bildete ein karolingischer Königshof, der im 8. Jh. im Bereich des heutigen Burgplatzes errichtet und um das Jahr 900 zu einer Königspfalz ausgebaut wurde. Diese Königspfalz lag am Rand der hochwasserfreien Niederterrasse unmittelbar am Ufer des Rheins, der zu dieser Zeit im Bereich des heutigen Innenhafens verlief. Im Schutz der Königspfalz entwickelten sich seit dem 9. Jh. eine Siedlung friesischer Kaufleute und eine Handwerkersiedlung sowie zwischen Pfalz und dem damaligen Rheinufer ein Marktplatz, der seit dem 18. Jh. als "Alter Markt" bezeichnet wird. Bereits im Jahre 883 wird Duisburg erstmals als "oppidum" (kleine Stadt) schriftlich erwähnt, und spätestens nachdem die Siedlungskerne in der ersten Hälfte des 12. Jh. mit einer Stadtmauer umgeben worden sind, war die Entwicklung zu einer vollwertigen mittelalterlichen Stadt abgeschlossen. Im 12. und 13. Jh. entwickelte sich Duisburg zu einem wichtigen Handelsplatz am Rhein, was zu einem relativ starken Bevölkerungswachstum und schon bald zur Entstehung von Siedlungskomplexen außerhalb der Ummauerung führte. Vermutlich in der zweiten Hälfte des 13. Jh. wurde eine neue Stadtmauer gebaut, die den Bereich zwischen Innenhafen, Marientor, Sonnen- und Springwall umfaßte und über die Duisburg erst in der ersten Hälfte des 19. Jh. hinausgewachsen ist.

Zwei Ereignisse führten dazu, daß Duisburg im Spätmittelalter einen Bedeutungsverlust erfuhr und dann bis zum Beginn der Industrialisierung stagnierte: Zum einen verlagerte der Rhein zu Beginn des 13. Jh. infolge eines Hochwassers sein Flußbett um etwa zwei Kilometer nach Westen, so daß Duisburg den unmittelbaren Zugang zum Rhein verlor und hinsichtlich seiner Hafen- und Handelsfunktionen geschwächt wurde. Zum anderen verpfändete König Rudolf von Habsburg im Jahre 1290 die Reichsstadt Duisburg an die Grafen von Kleve, und da dieses Pfand nie ausgelöst wurde, blieb Duisburg über Jahrhunderte ein klevische Provinzstadt ohne nennenswerte Verwaltungsfunktionen.

❷ *Innenhafen*
Der unmittelbar nördlich der Duisburger Altstadt gelegene Innenhafen ist ein Entwicklungsraum, dem seitens der Stadt eine besondere Bedeutung für die zukunftsorientierte Stadtentwicklung und den wirtschaftlichen Strukturwandel zugemessen wird. Dieser kanalartige Hafen, der im Jahre 1893 in seiner heutigen Form fertiggestellt wurde, war zunächst ein wichtiger Umschlagplatz für das im Bergbau benötigte Holz, bevor er immer mehr durch den Umschlag und die Lagerung von Getreide geprägt wurde. Bis in die 1950er Jahre war der Innenhafen der größte Getreideumschlagplatz Westeuropas, doch seit den 1970er Jahren wurde eine große Zahl von hafenorientierten Betrieben aufgegeben, was zu einer deutlichen Verringerung des Umschlags, Gebäudeleerständen sowie zur Entstehung von Brachflächen führte; die Speicher- und Mühlengebäude waren sogar vom Abriß bedroht.

Mitte der 1980er Jahre veranlaßte die Stadt erste Maßnahmen zur Umstrukturierung des Innenhafens: am Südufer wurde, von der Schwanentorbrücke ausgehend, damit begonnen, eine Promenade anzulegen, zwei ehemalige Speichergebäude wurden zum Kultur- und

Stadthistorischen Museum sowie zum Stadtarchiv umgebaut und hinter der wiederhergestellten Stadtmauer wurden giebelständige Stadthäuser errichtet. Mit der Einbeziehung des Innenhafens in die Internationale Bauausstellung Emscher Park (IBA 1989 – 1999) wurde die Idee geboren, dieses ca. 89 ha große citynahe Areal zu einem multifunktionalen Dienstleistungspark zu entwickeln, in dem die Funktionen Arbeiten, Wohnen, Kultur und Freizeit miteinander verzahnt sind und die denkmalwerten stadtbildprägenden Mühlen- und Speichergebäude erhalten bleiben. Im September 1992 faßte der Rat der Stadt Duisburg den Beschluß, die Umgestaltung des Innenhafens auf der Grundlage eines vom britischen Architekten Sir Norman Foster im Rahmen eines internationalen Planungswettbewerbs erarbeiteten städtebaulichen Entwicklungskonzepts vorzunehmen. Diesem Konzept entsprechend werden die erhaltenswerten Mühlen- und Speichergebäude umgebaut und neuen Nutzungen zugeführt.

Den gegenwärtigen Stand der Umsetzung des Konzeptes erläutert ausführlich Exkursion 2 (City-Exkursion Duisburg, Standorte 7 und 8: Schwanentorbrücke... und Innenhafen...).

Büroarbeitsplätze sollen aber nicht nur in umgebauten Mühlen- und Speichergebäuden entstehen, sondern auch in neuen Bürogebäuden, die künftig die Nordseite des Innenhafens prägen sollen. Einen städtebaulichen Akzent soll dabei das geplante Euro-Gate setzen, ein bis zu 16geschossiges Gebäude mit einer Gesamtfläche von bis zu 90 000 m^2, das den Holzhafen bogenförmig umschließen soll und für das ein Nutzungsmix aus Büros, Einkaufspassage, Hotels und kommerziellen Freizeiteinrichtungen angestrebt wird. Ob dieses Gebäude mit einem Investitionsvolumen von etwa 300 Mio. DM jemals realisiert wird oder Vision bleibt, ist gegenwärtig noch offen, mit einem Baubeginn ist frühestens im Jahre 2005 zu rechnen.

❸ *Ruhrort / Ruhrorter Häfen*

Ruhrort ist neben der Duisburger Altstadt der einzige vorindustrielle städtische Siedlungskern im Gebiet der heutigen Stadt Duisburg. Dieser entwickelte sich im 15. Jh. im Schutz einer um 1370 errichteten befestigten Zollstelle ("Kasteel") auf einer hochwassersicheren Niederterrasseninsel im Auegebiet von Rhein und Ruhr. 1437 begann man mit dem Bau einer Mauer, die der Siedlung ein im damaligen Sinne städtisches Aussehen gab. Ruhrort erhielt aber nie die Stadtrechtsprivilegien und war damit eine Minderstadt. Die Siedlung war mit einer Fläche von nicht einmal 1,6 ha (115 x 120 m) sehr klein und hatte bis zum 18. Jh. nur wenige hundert Einwohner, erst im 19. Jh. stieg die Bevölkerungszahl von 900 (1800) auf 12 400 (1900).

Nachdem Ruhrort zu Preußen gekommen war, wurde 1716 im Bereich des heutigen Hafenmundes ein erster kleiner Hafen gebaut. Infolge der Kanalisierung der Ruhr oberhalb von Mülheim um 1780 stieg der Kohleumschlag und 1820 – 1825 wurde der Werfthafen, das älteste heute noch erhaltene Hafenbecken, als erste Hafenerweiterung angelegt, ihm folgte 1837 ein Schleusenhafen (heute Vinckekanal). In den Jahren 1860 – 1868 wurden der Nord- und Südhafen angelegt und die Ruhrmündung nach Süden verlegt, um die Hafenzufahrt vom Wasserstand der Ruhr unabhängig zu machen. Um dem mit der Expansion des Ruhrbergbaus weiter zunehmenden Kohleumschlag zu genügen, wurde mit der Anlage von Hafenkanal und Kaiserhafen (1872–1890) die Kailänge verdoppelt. Nachdem im Jahre 1905 aufgrund der gemeinsamen Hafeninteressen der Zusammenschluß der bis dahin selbständigen Städte Duisburg, Ruhrort und Meiderich erfolgte, wurden bis zum Jahre 1908 im Gebiet zwischen Ruhrort und Meiderich die Hafenbecken A, B, und C gebaut. Abgeschlossen wurde der Ausbau der Hafenanlagen 1914 mit dem Ausbau des Vinckekanals sowie der Schleuse Meiderich als Verbindung zum Rhein-Herne-Kanal. Seitdem hat sich die Wasserfläche des Hafens im Zuge von Umstrukturierungsmaßnahmen wieder verringert.

Die öffentlichen Ruhrorter Häfen bilden zusammen mit 13 weiteren öffentlichen und privaten Häfen im Duisburger Stadtgebiet mit einem Gesamtumschlag von ca. 48 Mio. t (1997) das größte Binnenhafensystem der Welt, wobei mit 15 Mio. t inzwischen nur noch etwa ein Drittel des Umschlages auf die Ruhrorter Häfen entfällt, da in den zurückliegenden Jahrzehnten insbesondere der Umschlag der Massengüter Eisenerz und Kohle auf die Werkshäfen verlagert wurde. Dennoch entfallen auch heute noch zwei Drittel des Umschlages der Ruhrorter Häfen auf Massengüter, wobei bis Anfang der 1960er Jahre die Kohle das wichtigste Umschlaggut war und dann von den Erzen abgelöst wurde. Inzwischen ist jedoch wieder die Kohle das bedeutendste Massengut, da infolge des Rückgangs des subventionierten Ruhrbergbaus der Umschlag von Importkohle stark gewachsen ist. Die Hafengesellschaft hat sich angesichts des weiter wachsenden Importkohle-Bedarfs das Ziel gesetzt, den Rhein-Ruhr Hafen zu einem Zentrum für den Umschlag für Importkohle zu entwickeln. Hierfür wurde Ende 1998 am Südhafen ein erster Terminal speziell für den Umschlag von Importkohle in Betrieb genommen.

Seit dem Beginn der 1980er Jahre waren die Aktivitäten der Hafengesellschaft angesichts des rückläufigen Massengutumschlags jedoch in erster Linie darauf ausgerichtet, beim wertschöpfungsintensiven Stückgutumschlag, auf den gegenwärtig etwa ein Drittel des Gesamtumschlages entfällt, Marktanteile zu gewinnen. Hierzu wurden am

Nord- und Südhafen wasserüberspannende Umschlags- und Lagerhallen für nässeempfindliche Güter, wie Bandstahl oder Papierrollen, gebaut und Einrichtungen für den "kombinierten Ladungsverkehr" (KLV) geschaffen, u. a. der DeCeTe Container-Terminal am Vinckeufer (1983) sowie der Umschlagbahnhof für den KLV. Darüberhinaus wurde im Jahre 1990 am Nordhafen auf einer Fläche von 10 ha erstmals in Deutschland ein Freihafengelände im Binnenland eingerichtet und seitdem mehrfach erweitert. Künftig soll auch die Speditionsinsel für den Stückgutumschlag genutzt werden, da der bislang dort betriebene Erzumschlag infolge der Schließung des Dortmunder Hüttenwerkes keine Rolle mehr spielt.

❹ *August-Thyssen-Hütte (Überblick von der Halde Alsumer Straße)*
Die Entwicklung der Eisen- und Stahlindustrie in Duisburg begann 1844 im nahe der Altstadt gelegenen Hochfeld, als die Borussiahütte gegründet wurde. Im Jahre 1870 gab es in Duisburg bereits mehr als 100 Puddelöfen. Doch im bis dahin nur durch wenige Bauernwirtschaften geprägten heutigen Duisburger Norden hielt die Stahlindustrie erst Einzug, als August Thyssen um 1890 im Bereich von Marxloh – Bruckhausen große Flächen aufkaufte und damit begann, auf den hier nachgewiesenen Kohlevorkommen innerhalb von zwei Jahrzehnten den größten vertikal integrierten Hüttenkomplex im Ruhrgebiet aufbauen zu lassen. Dort arbeiteten bereits 1913 mehr als 11 000 Menschen.

Bis zum Jahre 1974, als die Rohstahlproduktion in Duisburg insgesamt mit 21,1 Mio. t ihr Maximum erreichte und in der Thyssenhütte etwa 9,4 Mio. t Roheisen und etwa 11 Mio. t Rohstahl produziert wurden, stieg die Zahl der Beschäftigten auf etwa 34 000. Mit der dann einsetzenden Stahlkrise setzte der sich in den 1980er Jahren beschleunigende Arbeitsplatzabbau in der Eisen- und Stahlindustrie ein. 1997 waren in der August-Thyssen-Hütte nur noch etwa 15 000 Personen beschäftigt. In der Stadt Duisburg gingen in diesem Zeitraum insgesamt mehr als 47 000 Arbeitsplätze in diesem Industriezweig verloren, so daß heute nur noch knapp über 20 000 Menschen hier eine Beschäftigung finden. Die Rohstahlproduktion in Duisburg erfuhr hingegen lediglich im Jahre 1975 einen dramatischen Einbruch, seitdem schwankt die Jahresproduktion zwischen 14 und 17 Mio. t pro Jahr, wovon gegenwärtig mit 8,3 Mio. t etwa 60 % auf die Thyssenhütte entfallen. Der Arbeitsplatzabbau in der Stahlindustrie ist damit im wesentlichen auf eine Erhöhung der Produktivität zurückzuführen.

Heute umfassen die Werksanlagen der August-Thyssen-Hütte u. a. vier Hochöfen, zwei Stahlwerke mit angeschlossenen Brammen-Stranggießanlagen, je zwei Warmbreitband- und Kaltwalzwerke, fünf

Beschichtungsanlagen sowie eine Kokerei und zwei Kraftwerke. Innerhalb der Thyssenhütte erfolgte in den zurückliegenden Jahrzehnten eine zunehmende Verlagerung der Roheisenproduktion auf die beiden in den Jahren 1983 und 1993 errichteten Großhochöfen im Werksteil Schwelgern, in dem auch der Werkshafen lokalisiert ist, über den jährlich etwa 14 Mio. t Erze angeliefert werden. Zudem plant Thyssen hier in den nächsten Jahren eine neue Kokerei zu bauen, was zu einer Verbesserung der Umweltsituation in dem an die bisherige Kokerei unmittelbar angrenzenden Stadtteil Bruckhausen führen dürfte.

❺ *Bruckhausen*
Der im Zusammenhang mit der Errichtung der August-Thyssen-Hütte Ende des 19. Jh. entstandene Stadtteil Bruckhausen erreichte im Jahre 1939 mit fast 20 000 Einwohnern seinen höchsten Bevölkerungsstand und verfügte zu diesem Zeitpunkt über ein blühendes Kultur-, Vereins- und Geschäftsleben. Heute ist dieser Stadtteil jedoch durch ausgeprägte städtebauliche und soziale Probleme gekennzeichnet. Auslöser des Verfalls war, daß in den 1970er Jahren jegliche Investitionen zur Instandhaltung und Modernisierung des Wohnungsbestandes unterblieben, da ein Totalabriß von Bruckhausen zugunsten einer Erweiterung der Thyssen-Hütte geplant war. Erst nachdem diese Erweiterungs- und Abrißpläne infolge der Stahlkrise 1980 zurückgenommen wurden, setzte Anfang der 1980er Jahre wieder eine Sanierung und Modernisierung der Bausubstanz ein. 1991 wurde eigens eine städtische Entwicklungsgesellschaft gegründet, deren Aufgabe es ist, Modernisierungen und Baulückenschließungen voranzutreiben, Maßnahmen zur Wohnumfeldverbesserung durchzuführen und Bauherren für Neubauten zu aquirieren.

❻ *Marxloh (Schwartzkopffstraße / Pollmankreuz)*
Die Entwicklung des ebenfalls an die Werksanlagen der August-Thyssen-Hütte angrenzenden Stadtteils Marxloh, der ehemals zur 1929 in die Stadt Duisburg eingemeindete Stadt Hamborn gehörte, war seit dem Ende des 19. Jh. eng mit dem Aufstieg und späteren Niedergang der Montanindustrie verbunden. Die mit dem Bau der Thyssenhütte einsetzende rasante industrielle Erschließung des Duisburger Nordens führte dazu, daß die Bevölkerungszahl in der späteren Stadt Hamborn allein im Zeitraum von 1885 bis 1911 von etwa 11 000 auf über 100 000 anstieg. Da es eine öffentliche Stadtplanung zu diesem Zeitpunkt noch nicht gab, entstand die auch heute noch für den Duisburger Norden charakteristische Gemengelage von Industrieanlagen, Wohngebieten und Verkehrswegen.

Aufgrund der räumlichen Nähe zu den Werksanlagen sowie insbesondere durch den Werkswohnungsbau war im Stadtteil Marxloh über Jahrzehnte hinweg mehr als die Hälfte der Beschäftigten in den Montanindustrien tätig. Die Rationalisierung in dieser großbetrieblich strukturierten Industrie sowie damit in Verbindung stehende Schließungen von kleinen und mittleren Betrieben in diesem Stadtteil führten zu wachsender Arbeitslosigkeit, Kaufkraftverlusten und einer Erosion des einstmals attraktiven Stadtteilzentrums am Pollmankreuz. Darüberhinaus hatte die Abwanderung der deutschen Bevölkerung bei gleichzeitiger Zuwanderung von Ausländern einen Wandel der Bevölkerungsstruktur zur Folge; der Anteil der nichtdeutschen Bevölkerung stieg auf 35 %, wobei er in einigen Teilräumen – insbesondere in den an die Thyssenhütte angrenzenden Bereichen – zwischen 70 und 80 % liegt.

Mit dem Ziel, die mit dem Niedergang der Eisen- und Stahlindustrie verbundenen negativen ökonomischen und sozialen Auswirkungen sowie den städtebaulichen Verfall zu stoppen, wurde 1994 das "Projekt Marxloh" ins Leben gerufen, in dem im Rahmen eines integrierten Handlungsansatzes unter Einbeziehung der Bevölkerung Elemente der Arbeitsmarkt- und Strukturpolitik miteinander verbunden werden. Die Entwicklungskonzepte und Maßnahmen sollen gleichzeitig zur Verbesserung der Sozialstruktur und der sozialen Infrastruktur, der kulturellen und interkulturellen Beziehungen, der Wirtschaftssituation, des Wohnungsbaus und der städtebaulichen Erneuerung beitragen. Beispielhaft für diesen ganzheitlichen Ansatz ist die Sanierung von drei abbruchreifen Häusern einer ehemaligen Thyssen-Arbeitersiedlung in der Schwartzkopffstraße. Bei diesem Projekt wurde Bausubstanz aufgewertet und erhalten und anschließend einer Nutzung für soziale Infrastruktureinrichtungen (Kindertagesstätte, betreutes Wohnen) zugeführt. Während der Bauarbeiten wurden für etwa 100 arbeitslose Bewohner des Stadtteils Beschäftigungs- und Qualifizierungsmöglichkeiten geschaffen und weitere Arbeiten an örtliche Betriebe vergeben. Darüberhinaus konnte durch eine ökologisch sinnvolle Gestaltung der Außenanlagen ein Beitrag zur Wohnumfeldverbesserung geleistet werden.

❼ *Landschaftspark Duisburg-Nord: vgl. Exkursion 18*

❽ *ElecTronicPark (Bismarckstraße)*
Eine wichtige Rolle für den Strukturwandel in Duisburg kommt der im Stadtteil Neudorf gelegenen Gerhard-Mercator-Universität und dem eng mit ihr verbundenen Fraunhofer-Institut für Mikroelektronische Schaltungen und Systeme zu. Diese beiden Bildungs- und Forschungs-

einrichtungen mit ihren Schwerpunkten in der Mikroelektronik, der Optoelektronik, der Mechatronik, der Umwelttechnik, der Informatik sowie im Bereich "Verkehr und Logistik" bilden einerseits hochqualifizierte Arbeitskräfte aus, die von Betrieben in innovativen Wirtschaftsbereichen dringend benötigt werden. Andererseits tragen diese Einrichtungen durch unterschiedliche Formen der Zusammenarbeit mit Unternehmen zu einem Wissens- und Technologietransfer in die regionale Wirtschaft bei.

Mit der Zielsetzung, die Gründung von technologieorientierten Unternehmen aus der Universität und dem Fraunhofer-Institut systematisch zu fördern, wird seit 1987 in unmittelbarer Nachbarschaft zum Fachbereich Elektrotechnik der Universität an der Bismarckstraße der ElecTronicPark Duisburg auf- und ausgebaut. Im Unterschied zu vielen anderen Technologie- und Gründerzentren zeichnet sich der ElecTronicPark Duisburg durch eine Schwerpunktsetzung auf die Bereiche Mikroelektronik, Mikrosystemtechnik sowie Informationstechnik und Telekommunikation aus. Mit dem 1997 fertiggestellten MicroElectronicCentrum ist bereits die 4. Ausbaustufe des ElecTronicParks fertiggestellt worden. Insgesamt verfügt der ElecTronicPark gegenwärtig über eine Nutzfläche von 14 000 m^2, die allerdings noch nicht voll belegt ist. Bislang konnten über 60 Unternehmen hier angesiedelt werden, in denen insgesamt etwa 500 Arbeitsplätze entstanden sind. Bei einer Vollbelegung der Nutzfläche des MicroElectronicCentrums wird die Anzahl der Arbeitsplätze im ElecTronicPark auf über 600 ansteigen. Eine weitere großflächige Erweiterung des ElecTronicParks war zunächst im Bereich zwischen Bismarckstraße, Pappenstraße und dem Haus der Wirtschaftsförderung an der Mülheimer Straße geplant. Da sich die Nachfrage nach Betriebsflächen im ElecTronicPark jedoch nicht so dynamisch entwickelt hat wie erwartet, wird dieser Teil des ElecTronicParks vorerst nicht realisiert.

Exkursion 2

City-Exkursion Duisburg

Planungsamt der Stadt Duisburg

Exkursionsroute (halbtägige Fußexkursion, ca. 4,5 km):
(Universität Duisburg–) Duisburger Hauptbahnhof / Multi Casa – Königstraße (Brunnenmeile mit Spielpunkten) – Galeria (Einkaufspassage) – Universitätsstraße – Beekstraße – Schwanenstraße (Rathaus, Archäologische Zone) – Schwanentorbrücke, Lehnkering Kontorhaus – Innenhafen (Altstadtpark, Synagoge, Wohnungsneubau)

Exkursionsinhalt:
Die Exkursion veranschaulicht die aktuelle Innenstadtentwicklung Duisburgs mit ihren Attraktionen und Problemen.

**Foto 14:
Life-Saver von
Niki de
St. Phalle
auf der
Königstraße**

Duisburg im Jahre 2000 – diese Stadt erfüllt nicht die alten, immer noch gängigen Klischees, sondern erfordert eine nähere Betrachtung der in den letzten 20 Jahren erfolgten Umstrukturierungsprozesse sowie der aktuell eingeleiteten bzw. geplanten Veränderungen. Die nachfolgend beschriebene Exkursion zur Duisburger City soll dazu beitragen, den Blick für das neue, vielen unbekannte Duisburg zu öffnen.

❶ *Duisburger Hauptbahnhof / Multi Casa*
Am Beginn des Rundgangs durch die Duisburger Innenstadt stehen die zentrale, verkehrliche Bündelungsfunktion des Duisburger Hauptbahnhofes sowie die städtebaulichen Erweiterungsmöglichkeiten der Duisburger Innenstadt in Zusammenhang mit dem Projekt Multi Casa. Der Hauptbahnhof, derzeit am östlichen Rand der Innenstadt gelegen, wird täglich von mehr als 80 EC/IC/ICE und anderen Fernverkehrszügen sowie ergänzend von allen Regional- und Nahverkehrszügen angefahren. Gleichzeitig wird am Harry-Eppstein-Platz (nördlich

gelegen) die Verknüpfung zu allen Nahverkehrsangeboten der Duisburger City (Busse/U-Bahn) geboten. Zudem besteht über die A 59 unmittelbarer Zugang zum Straßenfernverkehr.

Vor diesem räumlich/strukturellen Hintergrund sowie erheblichen Kaufkraftabflüssen aus dem Oberzentrum Duisburg in die Region und einem unterdurchschnittlichen Verkaufsflächenangebot in der City beabsichtigt die Stadt Duisburg, das Areal des 1995 brach gefallenen Güterbahnhofes südlich des Hauptbahnhofes mit dem Projekt Multi Casa für eine Erweiterung und Stärkung der Cityfunktion zu nutzen.

Bis zum Jahre 2004 soll hier ein Projekt mit rd. 100 000 m^2 Nutzfläche entstehen, um das Einzelhandels- und Freizeitangebot der City nachhaltig zu stärken und den seit einigen Jahren steigenden Büroflächenbedarf an diesem erstklassig gelegenen Standort zu befriedigen.

❷ *Königstraße (Brunnenmeile mit Spielpunkten)*
In Richtung auf das Einkaufszentrum Averdunk gelangt man zur Königstraße, der Flanier- und Einkaufsmeile der Duisburger Innenstadt. Nachdem die ehemals an der Oberfläche fahrende Straßenbahn nun als U-Bahn unter der Königstraße verläuft, bot sich 1992 die Gelegenheit zu einer völligen Neugestaltung des Straßenraumes. Die heutige Brunnenmeile wurde auf der Grundlage des Entwurfes des Architekturbüros Rüdiger aus Braunschweig (u. a. "Haus der Geschichte", Bonn), das sich in einem Wettbewerbsverfahren 1978 durchgesetzt hatte, in den Jahren zwischen 1983 und 1994 stufenweise realisiert.

Der erste Brunnen im Verlaufe der City-Exkursion ist die "Waschmaschine" von Andre Volten, der das prägende Element des Averdunkplatzes ist. Entlang der Königstraße in Richtung Rathaus sind dann folgende Brunnen zu finden: "Wassermühle" (Otmar Alt), "Mercator-Kugel" (Friedrich Werthmann), "Life Safer" (s. Foto 14, Niki de St. Phalle) und "Schiffsmasken" (Thomas Virnich). Zwischen den verschiedenen Brunnenanlagen befinden sich Freiflächen und Spielpunkte, die Kindern und Erwachsenen neben dem Einkauf kurzweilige Unterhaltung bieten. Diese Kombination zwischen Kultur, Kommerz und Unterhaltung zusammen mit der Gehwegüberdachung auf der Südseite macht die Qualität der Königstraße und ihrer Nebenstraßen aus, die es bewirkt, dass der Einzugsbereich der Duisburger Innenstadt bis in die Niederlande hineinragt.

Die charakteristische Lindenallee der Königstraße wurde nach dem Bau der U-Bahn neugepflanzt und endet an den im Bereich des Kuhtores befindlichen Pavillons. Die Gestaltung der Pavillons mit ihrer Stahl-Glas-Konstruktion wurde den Bäumen nachempfunden. Die Pavillons werden nach Einbruch der Dunkelheit von einem Lichtsystem beleuchtet, das durch das Büro Dinnebier (Wuppertal) erdacht worden ist und mit konvexen Spiegeln arbeitet. Der Übergang von der Baum- in die Baustruktur ist das prägende Element dieses Gebäudekomplexes.

❸ *Galeria (Einkaufspassage)*
Weiter führt der Weg durch die Galeria, eine Duisburger Einkaufspassage, die nach Entwürfen des Hamburger Architekturbüros "Von Gerkan, Marg & Partner" errichtet wurde. Durch die Galeria wurde die Gelegenheit genutzt, das Wegesystem der Duisburger Fußgängerzonen in der Innenstadt sinnvoll zu ergänzen und den Käuferinnen und Käufern die Möglichkeit der Nutzung von Rundwegen zu geben.

❹ *Universitätsstraße*
Im Knick des Passageraumes wird die Galeria zur Steinschen Gasse hin verlassen, um geradeaus über die Universitätsstraße in Richtung einer neuen baulichen Verbesserung des Innenstadtbereichs zu gelangen, der Fassadenrestaurierung des Eckgebäudes Beekstraße/ Großer Kalkhof. Dieses repräsentative Bauwerk war über Jahre unter einer vorgehangenen Fassade aus Aluminiumlamellen verborgen und wurde erst im Jahr 1999 wieder in seinen ursprünglichen Zustand versetzt. Nach der Nutzung als Möbelhaus stehen hier jetzt moderne Büroflächen zur Verfügung.

❺ *Beekstraße*
Von der Universitätsstraße biegen wir auf die Beekstraße ein, die direkt auf das Duisburger Rathaus führt und durch ein vielfältiges Textilangebot geprägt wird.

❻ *Schwanenstraße (Rathaus, Archäologische Zone)*
Nach der Querung der fußläufigen Münzstraße mit dem auf dem Münzplatz gelegenen Triton-Brunnen erreicht man das Rathaus mit der Archäologischen Zone und der dahinter gelegenen Salvatorkirche. Dieses städtebauliche Ensemble umfaßt den Bereich des Alten Marktes, der mit der Archäologischen Zone einen Eindruck aus der frühen Stadtgeschichte Duisburgs vermittelt. Der Verlauf des Rheins und die Siedlungsentwicklung an dieser Stelle, die vor ca. 2 000 Jahren begann, werden hier dokumentiert. Die Stahlkonstruktion, die die Umrisse einer früheren Markthalle überdacht, vermittelt einen Eindruck davon, welche Ausmaße diese zu der damaligen Zeit gehabt haben könnten. Zunächst folgen wir der Schwanenstraße in Richtung Hafen und Schwanentorbrücke, bevor der Innenhafen ins Blickfeld rückt.

❼ *Schwanentorbrücke, Lehnkering-Kontorhaus*
Die Hubbrücke am Schwanentor mit ihren vier charakteristischen Hubtürmen ist der Zugang zur Innenstadt aus dem Stadtteil Kaßlerfeld und eines der städtebaulich prägenden Bauwerke der Innenstadt.

In direkter Nachbarschaft befindet sich das Lehnkering-Kontorhaus, ein 1995/96 zum Bürogebäude umgebauter ehemaliger Getreidespeicher. Dieser wurde vollkommen entkernt, die Fassade auf der nach Südwesten orientierten Seite entfernt. Dadurch ergab sich die Möglichkeit zur Belichtung der im Inneren gelegenen Räume. Das Erscheinungsbild des alten Speichers blieb nahezu unverändert, nur auf den östlichen Pfeiler wurden zusätzliche Büroetagen aufgesetzt, die den Wandel zum modernen Bürogebäude nach außen hin dokumentieren. Im Erdgeschoß befindet sich ein Gastronomiekomplex, der den im Speicherinneren gelegenen Außenbereich nutzt. Das neue Kontorhaus bietet heute auf ca. 11 000 m² Nutzfläche Platz für ca. 500 zukunftsorientierte Büroarbeitsplätze. Die Planung erfolgte durch das Architekturbüro Braun, Voigt und Partner (Frankfurt am Main).

Daneben errichtet das Land Nordrhein-Westfalen die Zentralstelle für die polizeitechnischen Dienste, die ebenfalls neue Arbeitsplätze nach Duisburg bringen wird. Diese dient den Polizeibehörden in Nordrhein-Westfalen als Servicestelle, z. B. bei der Softwareentwicklung und der gesamten Einsatztechnik. Im Mai 1999 wurde dort der Grundstein gelegt, die Fertigstellung soll zum 30.01.2001 erfolgen. Das Gebäude verhindert durch seine innovative Technik die Freisetzung von 1 000 t CO_2 im Jahr, soviel wie von rd. 1 000 Einfamilienhäusern emittiert werden. Zu den ökologischen Aspekten beim Bau dieses Gebäudes zählt neben der schon fast zum Standard gehörenden Photovoltaikanlage auf dem Dach der Einsatz von Kalksandstein aus Recyclingmaterial sowie die Verwendung von Naturmaterialien im Innenausbau.

❽ *Innenhafen (Altstadtpark, Synagoge, Wohnungsneubau)*
In Richtung Nordosten folgt der Duisburger Innenhafen (vgl. Exkursion 3: Standort 1). Im Eingangsbereich befindet sich dort das Kultur- und Stadthistorische Museum, das nach Plänen der architekturfabrik aachen (afa) errichtet wurde. Dabei handelt es sich um einen ehemaligen Getreidespeicher, der mit einem Neubau ergänzt wurde. Im Anschluß daran erreicht man den Corputiusplatz mit dem Altstadtpark, der sich an der historischen Duisburger Stadtmauer befindet. Das in diesem Bereich befindliche Bronzerelief des Corputiusplanes veranschaulicht die Ansicht auf das historische Duisburg und gibt einen Einblick in die damaligen Siedlungsstrukturen.

Wesentliche Aspekte der neueren Entwicklung Duisburgs vollziehen sich heutzutage wiederum in diesem Bereich. Im Rahmen der Internationalen Bauausstellung Emscher Park (IBA: 1989 – 1999) wurde der Innenhafen auf der Grundlage des Masterplanes des Architekten Sir Norman Foster gestaltet. Das Büro Foster ist, gemeinsam mit assoziierten Büros als erster Preisträger aus einem im Jahre 1990 international ausgelobten Architekturwettbewerb hervorgegangen. Der Dienstleistungspark Innenhafen, umgestaltet nach dem Konzept "Wohnen und Arbeiten am Wasser", ergänzt die Duisburger Innenstadt aufgrund seiner direkten Anbindung nach Norden hin. Ehemals ausschließlich gewerblich genutzte Bereiche werden bei der Innenhafenumgestaltung für die Wohnbevölkerung zugänglich, neue Arbeits-, Aufenthalts- und Wohnqualitäten am Wasser erreicht.

In den sich anschließenden neueren Abschnitt des Altstadtparks hat der Landschaftskünstler Dani Karavan die Reste der ehemaligen Bebauung in das Umfeld des neuen jüdischen Gemeindezentrums mit Synagoge (Entwurf Zvi Hecker – Paris / Jerusalem) eingefügt. Durch Elemente wie die Hügel aus Betonschutt in unmittelbarer Nähe des neuen Altenwohnheims hat der "Garten der Erinnerung", wie der Künstler ihn nannte, in der Bevölkerung zunächst eine – durchaus gewollte – kontroverse Diskussion ausgelöst.

Auf der anderen Seite des Innenhafens wird der sog. Elskes-Park entwickelt. Diesen erreicht man über die erste bewegliche, seilgespannte Gelenkbrücke der Welt, die sich bei Bedarf spannen läßt und dadurch eine ausreichende Durchfahrtshöhe für Schiffe freigibt.

Im Bereich zwischen der Schwanentorbrücke und dem heute noch als Wendepunkt dienenden Holzhafen vor dem "Garten der Erinnerung" soll bis Ende 2001 eine "Marina" mit Liegeplätzen für rd. 300 Yachten entstehen. Ergänzt um entsprechende Serviceeinrichtungen sowie gastronomische Angebote entsteht so ein weiteres besonderes Highlight in einer zentralen, innenstadtnahen Lage.

Über die Promenade am Wasser erreicht man das Hafenforum mit dem gleichnamigen Restaurant und dem Sitz der Innenhafen-Entwicklungsgesellschaft. Für die Architektur dieses Gebäudes mit ca. 1 900 m^2 Nutzfläche zeichnet das Büro Foster verantwortlich. Die Gebäudehülle blieb im ursprünglichen Zustand erhalten, nur im Inneren haben neue, gläserne Trennwände und die teilweise Entfernung der Speicherböden moderne Akzente gesetzt.

In der Nachbarschaft befinden sich die denkmalgeschützten Speicher, die Bestandteile der sog. Speicherstadt sind. Dort ist heutzutage z. B. in der ehemaligen Küppersmühle (Architekten Herzog / de Meuron) das Museum für Gegenwartskunst mit den

Werken des Kunstsammlers Grothe untergebracht. Weitere Speicher im Umfeld bieten Platz für Banken und Büros.

Im westlichen Teil der Wehrhahnmühle ist nach entsprechender Sanierung und Umbau von zwei Speichern die Unterbringung einer Erlebnis- und Freizeitwelt für Kinder und Jugendliche (ca. 4 500 m^2) geplant. Hinzu kommen gewerbliche/tertiäre Nutzungen sowie ein Gastronomiebereich mit ca. 2 000 m^2.

Stadt, Land und Gebag ("Duisburger Gemeinnützige Baugesellschaft AG") haben gemeinsam eine Konzeption entwickelt, die mit ihren touristischen und gewerblichen Nutzungen in idealer Weise der Gesamtkonzeption des Innenhafens entspricht.

Die Fertigstellung des sog. "Kindermuseums" ist für Ende 2002 geplant.

Ein Staudamm in Verbindung mit einem Grachtensystem im Bereich der Wohnungsneubauten bewirkt eine wesentliche Erhöhung des Wasserspiegels im östlichen Teil des Innenhafens. Dadurch wird das Wasser als stadtgestaltendes Element ganzjährig erlebbar. Die Grachten werden, soweit das gesammelte Dach-/Niederschlagswasser nicht ausreicht, durch eine solargesteuerte und -betriebene Grundwasserpumpe ganzjährig mit Wasser versorgt. Die aktuelle Leistung der Pumpe und die Kraft der Sonneneinstrahlung kann über dem Torbogen der Hansegracht zum Philosophenweg abgelesen werden.

Insgesamt werden im Innenhafenbereich etwa 450 Wohneinheiten gehobenen Standards neuentstehen, die mit Preisen von bis zu 4 500 DM/m^2 vermarktet werden.

Exkursion 3

Duisburg: Hafen – Stahl – Logistik

Planungsamt der Stadt Duisburg

Exkursionsroute (eintägige Bus- oder Autoexkursion, ca. 45 km): alle Exkursionspunkte sind mit öffentlichen Verkehrsmitteln zu erreichen:
(Universität Duisburg–) Duisburg Hbf. – Innenhafen: Elskes-Park – Logport: Villensiedlung Bliersheim – Alsumer Berg – Landschaftspark Nord– Freihafen – Museum der Deutschen Binnenschiffahrt

Exkursionsinhalt:
Diese Exkursion zu den zukunftsfähigen gewerblichen und industriellen "Standbeinen" der Stadt sowie aktuellen Beispielen des Strukturwandels soll dazu beitragen, den Blick für das veränderte, vielen unbekannte Duisburg zu öffnen ohne die nach wie vor schwierige Situation der Stadt zu negieren.

Foto 15: Duisburger Hafenstadtteil Ruhrort

❶ *Duisburg-Innenhafen*
Duisburg besitzt nach wie vor den größten Binnenhafen der Welt. Die Schwerpunkte der hafenbetrieblichen Tätigkeit haben sich allerdings in den letzten Jahren erheblich verändert. Anstelle des früher vorherrschenden Massengutumschlages für die Großindustrie an Rhein und Ruhr gewinnen aktuell Container und Stückgutumschlag inkl. der zugehörigen Logistik zunehmend an Bedeutung. Auch der 1991 eröffnete Zollfreihafen hat, wenn auch wegen der parallel erfolgten Handelsliberalisierung nicht in dem erwarteten Umfang, zu den Umstrukturierungsprozessen beigetragen.

Der Innenhafen war bis Mitte der 1960er Jahre *der* Umschlagplatz für Getreide und Bauholz (Bergbau) für das gesamte Ruhrgebiet. Im Rahmen der Internationalen Bauausstellung Emscher Park (IBA 1989 bis 1999) wurde der Innenhafen auf der Grundlage des Masterplanes des Architekten Sir Norman Foster (London) unter der Prämisse der Zusammenführung von Wohnen und Arbeiten am Wasser zum Dienstleistungspark mit direkter Verbindung zur Duisburger City umgebaut.

Detailinformationen dazu sind bei der City-Exkursion Duisburg (Exkursion 2) aufgeführt (vgl. Standort 7: Schwanentorbrücke und Standort 8: Innenhafen).

❷ *Rheinhausen: Logport, Villensiedlung Bliersheim*
Das ehemalige Hüttenwerk Krupp Rheinhausen hat eine Fläche von ca. 265 ha. Es wurde von der Landesregierung als "Leuchtturmprojekt" für ihre infrastrukturelle Förderung im Bereich Logistik ausgewählt. Es ist das erklärte Ziel, Logport-Rheinhausen zu *der* logistischen Verkehrsdrehscheibe Europas auszubauen. Die Voraussetzungen hierzu sind hervorragend. Die elftgrößte Stadt Deutschlands mit dem größten Binnenhafen der Welt besitzt eine logistische Infrastruktur, die bereits heute keinen internationalen Vergleich scheuen muß.

Die Villensiedlung, heute im Zentrum des Gesamtgeländes gelegen, war einst die Topadresse der Werkdirektoren am Südrand des Hüttenwerkes Krupp Rheinhausen. Sie wird nach langjährigen Abbruchbestrebungen des Alteigentümers Krupp nun nach und nach renoviert und den neuen Dienstleistungsbetrieben als Bürofläche angeboten.

Das gesamte Gelände ist bereits jetzt wieder geprägt durch hektische Betriebsamkeit. Neues Leben ist auf der "Hütte" entstanden. Abbruchbagger auf der einen und neue Logistikhallen auf der anderen Seite prägen das neue Bild des ehemaligen Hüttenwerkgeländes. Neben dem Alten wächst das Neue. Wo gestern noch Stahl hergestellt und verarbeitet wurde, agieren heute weltweit operierende

Logistikunternehmen. Unter Einbeziehung denkmalgeschützer Bausubstanz und der vorhanden Infrastruktur – hier vor allem Hafen und Gleisanschlüsse – entstehen in kürzester Zeit neue, "logistische" Strukturen.

❸ *Duisburg-Bruckhausen: Alsumer Berg*
Die Aussicht vom Alsumer Berg zeigt die zwei Seiten Duisburgs, wie sie gegensätzlicher und faszinierender kaum sein könnten. Richtung Westen schweift der Blick über den Rhein zur Auen- und Deichlandschaft Binsheimer Feld und erfaßt Grün- und Freiraum, soweit das Auge reicht. Richtung Osten liegt dem Betrachter das Thyssen Krupp Hütten- und Stahlwerk zu Füßen. Industrie- und Infrastrukturanlagen, größer als die umliegenden Siedlungsbereiche. Mehr als ein Drittel des in Deutschland produzierten Stahl kommt aus diesem Werk. Trotz der massiven Rationalisierung in der Stahlerzeugung bleibt Thyssen Krupp der größte Arbeitgeber Duisburgs. Die hervorragenden Infrastrukturvorteile des Standortes Duisburg im Verbund mit hochmodernen Produktionsanlagen und – auch unter ökologischen Aspekten – zukunftsfähigen Produkten sichern den Standort auf lange Sicht und bieten einen positiven Wirtschaftshintergrund für eine Vielzahl von innovativen Klein- und Mittelbetrieben.

❹ *Landschaftspark Nord*
Der Landschaftspark Nord ist ein Musterbeispiel für die neue Nutzung einer industriellen Brachfläche. Als Leitprojekt der IBA entstand hier auf ca. 200 ha Stahlwerks-, Zechen-, Kokerei- und Manganwerksbrache ein neuer Typ von Park. Der Landschaftsarchitekt Professor Peter Latz gab in seinem preisgekrönten Wettbewerbsentwurf dem Erhalt der altindustriellen Anlagen und dem behutsamen Umgang mit der neuentstandenen Natur den Vorzug. Mit dem stillgelegten Hüttenwerk als Zentrum ist der Landschaftspark Nord heute regionalwirksamer Anziehungspunkt für Erholungssuchende und Ruhrgebietstouristen und ist somit zu einem wichtigen "weichen" Standortfaktor für die Stadt geworden.

Kulturveranstaltungen aller Art, industriegeschichtliche und naturkundliche Führungen locken jährlich Tausende Besucher an. Nach und nach wurde der Park von der Bevölkerung in Besitz genommen. Neue, zunächst kaum vorstellbare Nutzungen halten in die alten Industrieanlagen Einzug. Das Gasometer ist heute mit Wasser gefüllt und dient Sporttauchern als Domizil, Mitglieder des deutschen Alpenvereines klettern in den Erzbunkern. In der Gebläsehalle und im Pumpenhaus finden Konzerte und Feiern statt, die Kraftzentrale ist zur "Location" für Großevents mutiert. In der

Gießhalle des Hochofens 1 steht eine halbüberdachte Tribüne für Open-Air Veranstaltungen, und vom freizugänglichen Hochofen 5 bietet sich dem Besucher aus ca. 65 m Höhe ein Rundblick über den Park und die angrenzenden Ortsteile. Nachts wird das ehemalige Hüttenwerk durch eine Lichtinstallation des Künstlers Jonathan Park farbig angeleuchtet, der bereits Konzertereignisse wie Pink Floyd – The Wall in Szene setzte.

❺ *Freihafen Duisburg*
Der Duisburger Hafen bietet mit seinen ca. 250 Hafenanliegern etwa 15 000 Menschen Arbeit. Wachstumsfelder, wie das Containergeschäft, werden forciert ausgebaut. Ein weiterer Wachstumsmarkt ist die Importkohle, für die ein zweites Terminal gebaut werden soll.

Im 1991 gegründeten Freihafen können Waren zollfrei umgeschlagen werden. Da dort eine große Nachfrage nach Lagerflächen besteht, wurden bislang vier Hallen mit einer Gesamtfläche von ca. 10 000 m^2 errichtet. Der zusätzliche Bedarf an Landflächen und der gleichzeitig – u. a. durch optimierte Umschlagzeiten und Manövrierfähigkeit moderner Schiffe – sinkende Bedarf an Wasserflächen ist einer der Gründe für die Verfüllung des Kaiserhafens, welche ca. 24 ha zusätzliche Landfläche zur Verbesserung des kombinierten Ladungsverkehrs geschaffen hat.

❻ *Museum der Deutschen Binnenschiffahrt Duisburg-Ruhrort*
Das ehemalige Ruhrorter Hallenbad wurde im Rahmen der Internationalen Bauausstellung Emscher Park (IBA) zum Museum der Deutschen Binnenschiffahrt umgebaut. Im Becken der sog. Männerschwimmhalle liegt ein für die Rheinschiffahrt typisches historisches Segelschiff, eine Tjalk. In der kleineren Halle können die Besucherinnen und Besucher auf dem Nachbau eines Schiffes eine Fahrt rheinabwärts auf einer großen Videoleinwand nachvollziehen. Für den Eisenbahnhafen südlich des Museums ist mittelfristig eine Entwicklung als Dienstleistungsstandort mit begleitenden Freizeitaspekten geplant.

Rückfahrt
Diese kann über die Dammstraße direkt zum Hauptbahnhof (und weiter zur Universität Duisburg) oder als

❼ Alternative zum Gustav-Sander-Platz, Schifferbörse, mit der Möglichkeit zur kleinen Hafenrundfahrt, Dauer 2 Stunden, erfolgen. Dort vom Endpunkt Schwanentor gleichfalls zum Hauptbahnhof (und ggf. weiter zur Universität).

Exkursion 4

Tendenzen der Stadtentwicklung zwischen De-Industrialisierung und Konsum- und Freizeitorientierung. Das Beispiel Oberhausen

G. Wood

Exkursionsroute (eintägige Bus- oder Autoexkursion, ca. 35 km); alle Exkursionspunkte sind auch mit öffentlichen Verkehrsmitteln zu erreichen:
(Universität Duisburg – Duisburg Hbf.) – St. Antony-Hütte (Oberhausen-Osterfeld) – Werkssiedlung Eisenheim (Oberhausen-Osterfeld) – CentrO.-Einkaufszentrum ("Neue Mitte Oberhausen")

Exkursionsinhalt:
Die Exkursion beschäftigt sich zum einen mit der historischen Entwicklung der Stadt Oberhausen in der Folge der rapiden Industrialisierung im 19. Jahrhundert und zum anderen – ausgehend von diesem historischen Erbe – mit gegenwärtigen Tendenzen bzw. Problemen der Stadtentwicklung.

Foto 16: Neue Mitte Oberhausen

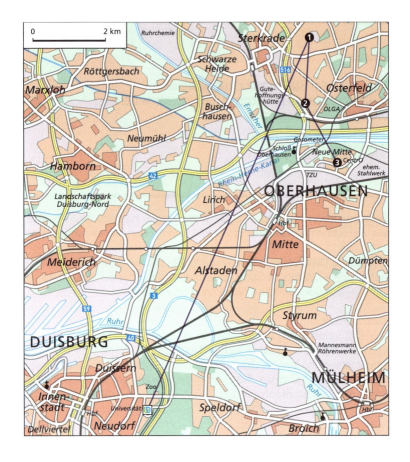

Die Entwicklung der Stadt Oberhausen ist maßgeblich geprägt durch die rapide Industrialisierung des gesamten Raumes ("Ruhrgebiet") im 19. und frühen 20 Jahrhundert. Doch bereits in der vorindustriellen Zeit befanden sich auf dem Gebiet der heutigen Stadt Oberhausen Eisenhütten. Aus diesem Grund wird Oberhausen – irreführenderweise – auch gelegentlich als die "Wiege der Ruhrindustrie" bezeichnet.

❶ *St. Antony-Hütte*

Der erste Standort der Exkursion ist eine solche vorindustrielle Eisenhütte, die das in der Gegend vorkommende Raseneisenerz mit Hilfe von Holzkohle und Wasserkraft verhüttete. Die St. Antony-Hütte bei Osterfeld wurde 1758 in Betrieb genommen. Es folgten 1782 die

Gutehoffnungshütte (GHH) im Emscherbruch bei Sterkrade und 1790 die Hütte Neu-Essen. Durch die Fusion dieser drei Hütten im Jahre 1808 durch Gerhard und Franz Haniel, Jacobi und Huyssen entstand ein neues Unternehmen, das sich in der Folgezeit unter dem Namen Gutehoffnungshütte zu einem mehrstufigen Konzern entwickelte. Die GHH expandierte insbesondere ab der zweiten Hälfte des 19. Jahrhunderts aufgrund von technischen Innovationen (Verhüttung mittels Kokskohle, Anlage von Tiefbauschächten etc.) und infolge des rapiden Ausbaus der Eisenbahnen in dieser Zeit. Durch den Einsatz von Kokskohle im Verhüttungsprozess und durch die Erschöpfung der Raseneisenerzvorkommen änderte sich die Standortbasis der Oberhausener Hüttenwerke: Da zur Verhüttung von 1 t Erz 1,7 t Kokskohle benötigt wurden, lag der günstigste Verhüttungsstandort nun in der Nähe der Kohle. Im Jahre 1857 wurde die erste werkseigene Zeche der GHH abgeteuft (Zeche Oberhausen). Es folgten weitere Gruben und ein Ausbau der GHH in Richtung auf diese Zechenstandorte. Als die Gemeinde Oberhausen (das heutige "Alt-Oberhausen") im Jahre 1861 mit 5 600 Einwohnern gegründet wurde, waren in der GHH bereits 4 000 Personen beschäftigt (ein Großteil hiervon in Oberhausen, die restlichen in den Gemeinden Sterkrade und Osterfeld).

Einen weiteren Ausgangspunkt der städtischen Entwicklung bildete die Eisenbahn, und zwar zum einen dadurch, daß sie den Transport der Oberhausener Industrieprodukte entscheidend verbesserte, und zum anderen dadurch, daß der Eisenbahnbau zu einem Schwerpunkt der ökonomischen Entwicklung in der Stadt wurde. Im Jahre 1846 wurde in (Alt-) Oberhausen ein Bahnhof an der Köln-Mindener Bahn angelegt (der heutige Hbf.), und im Jahre 1891 wurde in Osterfeld der damals größte Rangierbahnhof Europas errichtet.

Die städtebauliche Entwicklung erfolgte in dieser Zeit nicht in geordneten Bahnen, sondern weitgehend uneinheitlich, ja chaotisch, wenn man die Gemengelage von Werksanlagen, Zechen, Wohnbebauung, Verkehrswegen (vor allem Eisenbahn) betrachtet. Das lag vor allem daran, daß die Stadtplanung im 19. Jh. gegenüber den Interessen der Grundbesitzer wenig Instrumente besaß. Die fehlenden Eingriffsmöglichkeiten bzw. der mangelnde Wunsch nach Steuerung ist vor dem zeitgeschichtlichen Hintergrund einer in der Gründerzeit dominierenden Laisser-faire-Einstellung auch gegenüber städtebaulichen Entwicklungen zu sehen. Das städtebauliche Erbe der Industrialisierungsperiode ist eine Hypothek, die die Stadt noch heute zu verkraften hat. So sind Gemengelagen, Polyzentralität (Oberhausen ging 1929 im Zuge einer kommunalen Neugliederung aus den bis dahin eigenständigen Gemeinden (Alt-) Oberhausen, Sterkrade und Osterfeld hervor) sowie die mehrpolige Entwicklung in der City noch heute prägende Merkmale der Stadt. Oberhausen hat, ähnlich den anderen Städten des nördlichen Ruhrgebiets (der "Emscherzone") wenig gemein mit traditionellen bürgerlichen Städten, etwa mit der in der Nähe gelegenen Stadt Essen.

Zu den Besonderheiten der städtischen Entwicklung im Industriezeitalter gehörten zweifellos auch die demographischen und die sozialstrukturellen Merkmale. Die demographische Situation war gekennzeichnet durch hohe Zuwanderungsraten (1861: 6000 Ew., 1890: 25000 Ew., 1913: >100000 Ew.) und eine z. T. extrem hohe Mobilität (1913: Zuzug von 24400 Personen und Fortzug von 23300 Personen). Dies waren schwierige Bedingungen für eine planvolle Entwicklung der Stadt sowie der hier ansässigen Unternehmen. Als weitere Besonderheit kommt die einseitige Sozialstruktur hinzu: Über 70 % der Erwerbstätigen waren Arbeiter. Dieser Umstand und die hohe Mobilität haben dazu geführt, daß sich städtisches Leben und eine politische Öffentlichkeit erst "verspätet" herausgebildet haben.

❷ *Siedlung Eisenheim*
Die großen Unternehmen des Ruhrgebietes erkannten in der hohen Fluktuation ihrer Beschäftigten einen Entwicklungsengpaß. So wurden zur Heranbildung einer Stammbelegschaft und zur Anwerbung von Arbeitern Werkssiedlungen errichtet. Die Siedlung Eisenheim, die zwischen 1844 und 1901 in 6 Bauabschnitten von der GHH gebaut wurde, ist die älteste erhaltene Werkssiedlung des Ruhrgebiets. Da die Vergabe von Arbeit und Wohnung miteinander verkoppelt waren (bis zur Weimarer Zeit), bestand für die Arbeiter eine doppelte Abhängigkeit vom Unternehmen. Diese Abhängigkeit zeigte sich in besonderer Härte bei einer Teilnahme an Streiks, die in der Regel zu einer Kündigung der Wohnung führte.

Nicht zuletzt aufgrund des Werkswohnungsbaus wurde die Bevölkerung allmählich seßhafter, und es entwickelte sich damit ein anderes Verhältnis zur Stadt. In der Weimarer Zeit begann der kommunalpolitische Einfluß der Arbeiterschaft. Allerdings war diese keine homogene soziale Gruppe, sondern mehrfach unterteilt; zunächst landsmannschaftlich-kulturell, dann stärker konfessionell. Dieser Umstand läßt sich am Wahlverhalten ablesen. So konnte sich in der Weimarer Republik vor allem das katholische Zentrum-Milieu (30 – 40 % der Wählerstimmen) und das linke USPD-KPD-Milieu (20 – 30 %), jedoch kaum das SPD-Milieu (10 %) durchsetzen. Es dauerte bis in die 1960er Jahre, bis sich die SPD als stärkste Partei in der Stadt etablieren konnte. Auch anläßlich der Kommunalwahl in NRW im Jahre 1999, die mit herben Niederlagen für die SPD – auch in ihren Ruhrgebietshochburgen – einherging (–10,2 %), hat die SPD in Oberhausen einen hohen Stimmenanteil erzielt (50,1 %). Damit ist Oberhausen auf den ersten Rang der SPD-Hochburgen im Ruhrgebiet gerückt.

❸ *Neue Mitte Oberhausen*
In der Nachkriegszeit erlebte Oberhausen, ähnlich wie die anderen Städte des Ruhrgebietes auch, eine Zeit wirtschaftlicher Blüte. Im Zuge der Kohle- und dann der Stahlkrise setzte in den späten 1960er Jahren jedoch der ökonomische Niedergang in der Stadt ein, und zwar in Form eines Rückzugs der Großindustrie aus Oberhausen. Im Rahmen der "Entflechtung" nach dem Zweiten Weltkrieg war die GHH in mehrere neue Unternehmen aufgeteilt worden: als GHH blieb lediglich der Maschinen- und Anlagenbau bestehen; Hütten- und Walzwerke wurden zur "Hüttenwerke Oberhausen AG" ("HOAG") zusammengefaßt, die Zechen bildeten selbständige Unternehmen. Im Jahre 1968 wurde die HOAG von Thyssen (Duisburg) aufgekauft, in den 1980er Jahren fusionierten GHH und M.A.N., der Konzernsitz wurde nach München verlegt, die Zechen kamen zur Ruhrkohle AG (Unternehmenssitz: Essen). Damit verlagerte sich die Kontrolle über die betreffenden Betriebe unternehmensintern wie auch räumlich. Die überkommene enge Bindung zwischen Unternehmen und Stadt – wie sie auch für die Nachkriegszeit charakteristisch gewesen ist – löste sich auf. Dieser Hintergrund ist für das Verständnis der einsetzenden ökonomischen Krise wichtig, denn eine Realisierung des Rationalisierungspotentials in der Folge von Fusionierungen sowie ein Schrumpfen in wirtschaftlich proble-matischen Zeiten erfolgt gerade an den Standorten, die als verlängerte Werkbänke keine strategischen Unternehmensentscheidungen treffen. Waren in Oberhausen 1961 noch über 16 000 Bergleute beschäftigt, so waren es Mitte der 1990er Jahre weniger als 700. In den 1960er Jahren waren in der GHH (später Thyssen) an der Essener Straße 14 000 Personen beschäftigt, heute sind es weniger als 200. Auch in anderen (Groß-) Betrieben kam es zu einem Stellenabbau. Insgesamt ging die Zahl der im Bergbau und in der Industrie Beschäftigten seit 1961 von 63 000 auf unter 20 000 zurück. Zu dieser Entwicklung tritt eine weitere Strukturschwäche der Oberhausener Wirtschaft, die sich in einem weitgehenden Fehlen neuer, wachstumsträchtiger Industriezweige ausdrückt. Die De-Industrialisierung hat dazu geführt, daß der Industriebesatz in Oberhausen heute unter dem Landes- und Bundesdurchschnitt liegt.

Die Strukturkrise der Wirtschaft hatte eine fiskalische Krise zur Folge – durch die gesunkene Realsteuerkraft (60 % des Durchschnittes für NRW) einerseits und die gestiegenen Anforderungen an die Stadt (vor allem durch Sozialhilfeleistungen) andererseits. Dies hat zu einer starken Abhängigkeit der Stadt von Zuwendungen des Landes geführt und die Stadt in entwicklungs- und strukturpolitischer Hinsicht so gut wie handlungsunfähig gemacht.

Die hohen Sozialkosten, die die Stadt zu tragen hat, entspringen vor allem der Arbeitslosigkeit, von der speziell Männer betroffen sind (von 1980 bis zur Mitte der 1990er Jahre stieg die Arbeitslosigkeit auf das 3,6fache an, bei Frauen auf das 2,1fache). Betroffen sind aber auch Ausländer: In dieser Bevölkerungsgruppe stieg die Arbeitslosigkeit auf das 5,4fache. Die Beschäftigung der Männer nahm absolut und relativ ab, die der Frauen hingegen zu. Die Arbeitslosenquote beträgt in Oberhausen derzeit 11,4 % (Männer 13,2 %, Frauen 11,2 %, Ausländer 23,4 %; alle Angaben: Dez. 1999). Damit liegt sie heute deutlich unter der Höchstmarke des Jahres 1987 von 16,6 %. Dieser Sachverhalt ist jedoch weniger auf eine Erholung der ökonomischen Basis zurückzuführen als vielmehr auf den Umstand, daß in der Vergangenheit die aus dem Montansektor ausgeschiedenen Mitarbeiter über Sozialpläne freigesetzt wurden und somit in der offiziellen Arbeitslosenstatistik nicht mehr erscheinen. Der Indikator Arbeitslosenquote ist daher nur bedingt geeignet, die Situation auf dem Arbeitsmarkt treffend zu charakterisieren. Vielmehr kann davon ausgegangen werden, daß es zum einen eine Unterbeschäftigung gibt, da viele auf Erwerbstätigkeit verzichten, und zum anderen für die Jungen ungünstige Startchancen bestehen, da die in den überkommenen Wirtschaftszweigen abgebauten Arbeitsplätze für den Arbeitsmarkt dauerhaft verloren gegangen, Alternativen aber nicht in ausreichender Zahl hinzugekommen sind.

Vor dem Hintergrund der massiven De-Industrialisierung, die sich auch räumlich in Form von großen Industriebrachen manifestierte, entstand in den 1980er Jahren die Idee, auf einem Teil der 250 ha großen Brachfläche der Thyssen-Stahl AG an der Essener Straße ein großes Einkaufs- und Freizeitzentrum zu errichten. Das Projekt eines "World Tourist Center" (WTC) der kanadischen Investorengruppe Triple Five mutete auch aus der Sicht der Lokal- und Landespolitik überzeugend an: Einerseits schien eine Re-Industrialisierungsstragie aus verschiedenen Gründen unrealistisch, andererseits versprach man sich angesichts veränderter Freizeitgewohnheiten der deutschen Bevölkerung vom Konsum- und Freizeitbereich Wachstumspotentiale, von denen Oberhausen profitieren sollte. Die Planungen zum WTC scheiterten seinerzeit aber an der Weigerung der Nachbarkommunen, die hierzu notwendige Änderung im Gebietsentwicklungsplan zu sanktionieren. Erst als ein Alternativkonzept unter maßgeblicher Beteiligung der Landesregierung vorgelegt wurde, waren die im Bezirksplanungsrat vertretenen Kommunen bereit, dieser Änderung zuzustimmen. CentrO., wie man das Projekt jetzt nannte, wurde getragen von den britischen Investoren P&O (Peninsular and Oriental Steam Navigation Company) sowie der Stadium-Gruppe. Das Einlenken der Nachbarkommunen wurde möglich durch einen Kompromiß, den die Beteiligten aushandelten. Im September 1996 wurde CentrO. (Foto 16) eröffnet. Hierzu gehören neben dem eigentlichen Einkaufszentrum ein Multiplexkino, eine Gastronomiezeile ("Promenade"), die sich nördlich an das Einkaufszentrum anschließt, ein kleinerer Freizeitpark, eine Veranstaltungshalle ("Arena") mit 14 000 Sitzplätzen sowie, seit Ende letzten Jahres, das Musical "Tabaluga" mit einem eigenen Veranstaltungsgebäude.

Die Konsum- und Freizeiteinrichtungen rund um das CentrO. bilden den ökonomischen Kern eines umfassenderen städtebaulichen Rahmenkonzeptes der Stadt, der "Neuen Mitte Oberhausen", mit dem insbesondere eine Wiederinwertsetzung der von der Montanindustrie hinterlassenen Brachflächen in der geographischen Mitte der Stadt verfolgt wird.

Zur "Neuen Mitte" gehören neben den bereits angesprochenen Einrichtungen vor allem:
- das Technologiezentrum Umweltschutz (TZU) an der Essener Straße, das aus dem TZU I im ehemaligen Werksgasthaus der Firma Thyssen sowie aus dem TZU II, III und IV besteht;
- der Gasometer am Rhein-Herne-Kanal, der ursprünglich abgerissen werden sollte, dann aber nach kontroverser Debatte als Ausstellungs- und Veranstaltungsort bzw. als Aussichtsplattform (Höhe: 117 m) erhalten wurde;
- die Ludwig Galerie Schloß Oberhausen, in der thematische Wechselausstellungen aus den internationalen Sammlungen Ludwig sowie Ausstellungen populärer Kunst gezeigt werden;
- die Landesgartenschau ("OLGA", 1999) mit Schwerpunkt auf dem Gelände der ehemaligen Kokerei und Zeche Osterfeld;
- das Trickfilmstudio "Digital Renaissance" (vormals "High Definition Oberhausen, HDO");

Für die Zukunft sind folgende weitere Einrichtungen vorgesehen:
- ein Meerwasseraquarium (geplante Eröffnung: Sommer 2001);
- ein Yachthafen ("Marina") mit 50 Liegeplätzen am Rhein-Herne-Kanal;
- der "Zukunftspark" O.vision auf dem 70 ha großen Gelände des ehemaligen Elektrostahlwerks südlich der Essener Straße. Hierzu gehören u. a. der Freizeitpark "Xanadu" mit Ski-Halle und Appartementhotel, eine "multimediale Erlebniswelt" sowie der vom Fraunhofer-Institut UMSICHT geplante und 200 m lange "Gläserne Mensch", durch den die Besucher eine Entdeckungsreise durch den menschlichen Körper unternehmen können.

Die Bewertung des CentrO. fällt, je nach Standort des Betrachters, unterschiedlich aus: So verweisen Kritiker zu Recht auf die verschärfte Zentrenkonkurrenz in der Region (und damit auf eine Infragestellung landesplanerischer Zielsetzungen), auf Verkehrs- und damit ökologische Probleme sowie auf die sozialen Kosten innerhalb der Stadt, denn Einrichtungen wie das CentrO. wirken immer auch sozial exklusiv. Hinzu kommt die von Stadtsoziologen monierte Privatisierung und damit Reduzierung des öffentlichen Raumes auf kommerzielle Funktionen (CentrO. wird von der lokalen Politik als wesentlicher Bestandteil der "Neuen Mitte" Oberhausen vermarktet), die im Gegensatz zur europäischen Stadtkultur steht. Und schließlich läßt sich geltend machen, daß der "ökonomische" Erfolg nicht zuletzt durch erhebliche öffentliche Investitionen in das Projekt subventioniert worden ist, während Auflagen z. T. nicht befolgt wurden, wie beispielsweise die Bewirtschaftung des Parkraumes. Auf der anderen Seite läßt sich hervorheben, daß Oberhausen insgesamt ökonomisch profitiert hat, indem Kaufkraftströme durch das CentrO. verstärkt auf die Stadt gelenkt worden sind. Allerdings darf man hierbei nicht übersehen, daß sich innerhalb der Stadt negative Folgewirkungen in den bestehenden Zentren von Alt-Oberhausen, Osterfeld und Sterkrade eingestellt haben.

In der Zwischenzeit planen weitere Städte in der Region die Einrichtung vergleichbarer Konsum- und Freizeitanlagen. Vorreiter ist derzeit die Stadt Duisburg, die mit ihrem "Multi Casa"-Projekt (über 140 000 m^2 allein als Einzelhandelsfläche in unmittelbarer Nähe zum Hbf.) eine heftige Reaktion in Oberhausen und andernorts ausgelöst hat.

Diese und ähnliche Planungen (z. B. in Essen und Dortmund), die zwar Gegenstand des interkommunalen Streits sind, jedoch in den jeweiligen Städten in den Mehrheitsfraktionen (der SPD) bislang weitgehend akzeptiert waren, zeigen – im wesentlichen – zweierlei:

Zum einen machen sie deutlich, daß die Politik vor dem Hintergrund der Strukturkrise und aus Gründen der Legitimationssicherung nach jeder sich bietenden Gelegenheit greift, um der weiteren Abkoppelung der eigenen Stadt von allgemeinen Entwicklungstrends entgegenzuwirken. Dafür nimmt man Probleme mit den Nachbarn ebenso in Kauf wie regionalpolitische und landesplanerische Rückschritte.

Zum anderen läßt die gleichzeitig fehlende Diskussion über Alternativen der Stadtentwicklung bei einem Großteil der Mandatsträger einen ausgeprägten Mangel an urbaner Identität im (nördlichen) Ruhrgebiet erkennen. Dieser Befund stimmt angesichts der zu lösenden Aufgaben in Städten wie Oberhausen genauso bedenklich wie die zuvor konstatierten ökonomischen Probleme und ihre Folgewirkungen.

Exkursion 5

Bottrop im dynamischen Wandlungsprozeß

O. Neuhoff

Exkursionsroute (eintägige Bus- oder Autoexkursion, ca. 90 km); alle Exkursionspunkte mit öffentlichen Verkehrsmitteln erreichbar: (Universität Duisburg – Duisburg Hbf –) Bottrop: Prosper I – Prosper II – Gartenstadt Welheim – Projektstandort Chemische Werke Hüls – Prosper III – Prosper IV – Prosper V – Warner Bros. Movie World – Schloß Beck – Schmücker Hof – Gewerbepark Arenberg-Fortsetzung – Haldenereignis Emscherblick – Kläranlage Bottrop

Exkursionsinhalt:
Die Exkursion soll exemplarisch den aktuellen sozioökonomischen Strukturwandel der "klassischen Bergbaustadt" Bottrop verdeutlichen.

Foto 17: Der Lohnhallenbau im Gewerbepark Arenberg-Fortsetzung

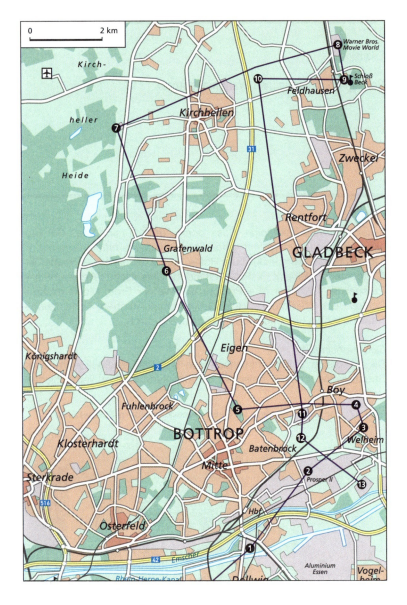

Bottrop im nördlichen Ruhrgebiet ist ein typischer Vertreter jener Ruhrgebietsstädte, die sich erst mit dem Bergbau des ausgehenden 19. Jahrhunderts entwickelten. Parallel zum Niedergang des Bergbaus befindet sich Bottrop seit den 1950er Jahren in einem tiefgreifenden Strukturwandel. Der Bedarf an Steinkohle sank sowohl im privaten als auch im gewerblichen Bereich. Im Gefolge dieser Krise(n) wurden in Bottrop fast alle Zechen geschlossen. Die verbleibenden Standorte sind im letzten aktiven Bergwerk Prosper-Haniel zu einem der modernsten Bergwerke im Ruhrgebiet zusammengefaßt worden. Viele der brachgefallenen Zechengelände konnten im Zuge der Internationalen Bauausstellung Emscher Park ("IBA Emscherpark") reaktiviert und städtebaulich aufgewertet werden.

❶ Prosper I

Von Mitte des 19. Jahrhunderts an spielte der Steinkohlenbergbau in Bottrop eine immer größere und schließlich dominierende Rolle. 1854 fand man im heutigen Stadtgebiet von Recklinghausen das erste Steinkohlenflöz. Daraufhin wurden in schneller Folge weitere Bohrungen in Bottrop in der Welheimer Mark, an der Grenze zu Karnap und in Ebel erfolgreich durchgeführt. Am 22.7.1856 beschloß man, in Bottrop einen Schacht zur Steinkohlegewinnung abzuteufen. Schon im August desselben Jahres begann man mit den Arbeiten vor Ort, 1863 mit der Aufnahme der Förderung auf der Zeche Prosper I.

Zur Verkokung der gewonnenen hochwertigen Fettkohle wurde auf Prosper I eine Kokerei gebaut, die 1865 mit 72 Öfen ihren Betrieb aufnahm. 1867 kam der Bau einer Kohlenwäsche hinzu.

1928 wurde Prosper I stillgelegt. Bis in die 1970er Jahre gab es keine geordnete Nachnutzung. Erst nachdem der Emscher-Schnellweg (A 42) 1970 auf Bottroper Stadtgebiet fertiggestellt worden war, wurde das Gelände beräumt und einer neuen Nutzung zugeführt. Heute erinnern nur noch Reste der alten Zechenmauer und einige wenige historische Gebäude an die Geschichte dieses Standortes. Insgesamt beherrschen heute Speditionen das Gelände. Sie nutzen die günstige Lage zur A 42 (ca. 250 m Entfernung), die den Hauptstandortfaktor für die heutige Nutzung darstellt.

❷ Prosper II

Nach dem Deutsch-französischen Krieg (1870/71) stieg in Deutschland die Nachfrage nach Steinkohle sprunghaft an. Aus diesem Grund wurde in Bottrop eine zweite Schachtanlage, Prosper II, errichtet. Im Oktober 1871 begannen die Abteufarbeiten. Prosper II nahm die Förderung 1875 auf; zwei Jahre später erfolgte der Durchschlag von Prosper I zu Prosper II. Damit konnte Prosper II mit seinen freien Kapazitäten die weitere Steigerung der Leistung von Prosper I mit übernehmen. Im Jahre 1900 wurden allein auf Prosper II 1,4 Mio. t Steinkohle gefördert.

In den 1920er Jahren konnte die Kokserzeugung nicht mehr mit den steigenden Fördermengen der Schachtanlage mithalten. So erschien es zweckmäßig, eine neue, zentrale Kokerei in unmittelbarer Nähe zu Prosper II zu errichten. Nach ihrer Inbetriebnahme 1928 wurden die alten Kokereien auf den Zechengeländen Prosper I, Prosper II und Prosper III geschlossen. Zu gleicher Zeit faßte man auch am Standort Prosper II alle Werkstätten zu einer Zentralwerkstatt zusammen.

Heute ist Prosper II mit seiner Zentralkokerei und der Zentralwerkstatt der einzige Standort in Bottrop, wo noch Kohle gefördert wird. Alle anderen Schachtanlagen auf Bottroper Stadtgebiet sind entweder geschlossen worden oder übernehmen heute andere Aufgaben im Betriebverbund, wie z. B. Seilfahrten, Belüftung, Materialeinfahrt oder Abraumförderung.

❸ *Gartenstadt Welheim*
Die Siedlung Welheim entstand zwischen von 1913 und 1923 an der Braukstraße (B 224), Welheimer Straße und Gungstraße. "Wohnen im Haus mit Garten" war das Motto der aus England gekommenen Gartenstadtbewegung, die Vorbilder für diese Siedlung lieferte. Welheim entstand im Zusammenhang mit und in unmittelbarer Nachbarschaft zur Zeche Vereinigte Welheim und ist / war die größte Bergarbeitersiedlung im nördlichen Ruhrgebiet.

Während der Werksbombardierung im Zweiten Weltkrieg wurden 125 der 580 Gebäude zerstört. Sie konnten in der Nachkriegszeit z. T. nur mangelhaft wieder aufgebaut werden. Um das städtebauliche Erscheinungsbild und die historischen Siedlungsgrundrisse zu erhalten, wurde die gesamte Siedlung Welheim 1993 unter Denkmalschutz gestellt. Im Rahmen der "IBA Emscherpark" erfolgte dann eine schrittweise denkmalgerechte Erneuerung und Modernisierung. Dieses Projekt konnte allerdings bis zum Ende der IBA (1999) nicht abgeschlossen werden. Die verbleibenden Gebäude werden in den folgenden Jahren renoviert sein.

Leitbild des städtebaulichen Erneuerungskonzeptes war eine behutsame Verbesserung des Wohnumfeldes bei Wahrnehmung und Weiterentwicklung der Qualitäten und Eigenarten der Siedlung. Insgesamt lagen dem Konzept 10 Ziele zugrunde:
- Neugestaltung von Plätzen und Straßenräumen unter Einbeziehung baugeschichtlicher Gesichtspunkte,
- ergänzende Durchgrünung von Straßenräumen,
- Wiederherstellung der typischen Vorgarteneinfassungen durch Ergänzung der Rohrgeländer,
- Neuordnung der Stellplatz- und Garagenflächen und Milderung der Konfliktsituation in den "Blockinnenbereichen",

- Erhalt und Verbesserung der ökologischen Qualität der Gärten und Grünflächen,
- Verbesserung der öffentlichen Grünflächen durch Ausstattung für verschiedene soziale Funktionen (z. B. Spiel- und Sportstätten mit Freizeitausstattung für verschiedene Altersgruppen),
- Versorgung der Bewohner mit zielgruppengerechten sozialen Einrichtungen (z. B. Kindergartenerweiterung, Begegnungsstätte),
- Verbesserung der Immissionssituation durch Errichtung eines bepflanzten Lärmschutzes entlang der B 224,
- behutsame bauliche Ergänzung auf brachliegenden Grundstücken und
- Ausbau der Wegeverbindung zum angrenzenden regionalen Grünzug C und zu den benachbarten Gartenstadtsiedlungen.

❹ *Projektstandort Chemische Werke Hüls*
Unmittelbar östlich des Stadtteilzentrums Boy, zwischen der Johannesstraße im Westen und der Brauckstraße (B 224) im Osten, liegt das 41 ha umfassende Gelände der Hüls AG. Dieser Standort blickt auf eine lange industrielle Tradition zurück. Über 100 Jahre wurde dieser Raum industriell genutzt. 1913 wurde der Schacht der Zeche Vereinigte Welheim abgeteuft. Bis 1931 gab es dort eine Kokerei. Die Schachtanlage wurde 1936 stillgelegt.

Nachdem die Fläche durch die Bergwerksgesellschaft beräumt worden war, baute die Ruhröl GmbH (von der Bergwerksgesellschaft Mathias Stinnes gegründet) an diesem Standort ein Hydrierwerk. Im Zweiten Weltkrieg wurden fast alle Werksanlagen vollständig zerstört. Im Zuge des Neuaufbaus entstanden nun Produktionsanlagen zur Weiterverarbeitung von Kohlenwertstoffen ("Abfallprodukte" aus Kokereien).

1979, im Rahmen der Neuordnung der Chemieaktivitäten innerhalb des VEBA-Konzern, wurde das Werk Bottrop von der Hüls AG übernommen. Der weltweite Veränderungsdruck in der Chemiebranche erzwang die Stillegung dieses Standortes. Der zunehmende Konkurrenzdruck in der Chemiebranche und die immer stärkere Abwendung vom Grundstoff Kohle und der Hinwendung zum Öl waren für diese Entscheidung maßgeblich. Anfang 1995 wurde der überwiegende Teil der Produktion auf diesem Gelände aufgegeben, der Restbetrieb Ende 1995 eingestellt.

Nachdem die Aufräum- und Bodenuntersuchungsarbeiten abgeschlossen waren, wurde die Fläche für eine zügige Brachenreaktivierung zur Verfügung gestellt. Mit anderen Nutzungsansprüchen soll die frühere Produktionsfläche nun in die Stadtteilentwicklung integriert werden. Die Stadt entwickelte für die Brache ein Nutzungs-

konzept, in dem Strukturen im Umfeld – Wohnen, Kleingewerbe mit Wohnen, Tertiärnutzung, Produzierendes Gewerbe und Freiflächen – berücksichtigt werden. Im einzelnen sind vorgesehen bzw. fertiggestellt:
- Sonderbaufläche für ein Möbelhaus und Baumarkt/Gartencenter in einer Größenordnung von max. 10 ha,
- 80–100 Wohneinheiten als Mietwohnungen im Geschoßwohnungsbau,
- 50–60 Wohneinheiten als Einfamilienhäuser unter dem Motto "einfach und selber bauen",
- Handwerkerviertel der neuen Generation in einer Größenordnung von 2–3 ha,
- Kindergarten, vierzügig, mit ca. 2 500 m^2 Grundstücksfläche,
- Jugendfreizeiteinrichtung als "Haus der offenen Tür" für die Kinder- und Jugendarbeit mit einem Grundstücksbedarf von ca. 2 500 – 3 000 m^2,
- Bürgerhaus in Kombination mit Räumlichkeiten für die Freiwillige Feuerwehr,
- Ersatzstandort für einen an der Johannesstraße entfallenen Bolzplatz,
- Festplatz und
- Lösungsvorschlag für den Knotenpunkt Horster Straße/B 224.

❺ *Prosper III*
80 Jahre lang bestimmten Fördertürme die Kulisse des heutigen neuen Stadtteiles Prosper III. 1906 wurde der erste Schacht dieses Bergwerkes eröffnet, nachdem der Bedarf aus den beiden bestehenden Schachtanlagen Prosper I und Prosper II nicht mehr zu decken war. 1986 wurde diese Schachtanlage als eine der letzten auf Bottroper Stadtgebiet stillgelegt.

Nach Schließung der Anlage stellte sich die Frage, wie die zentrumsnahe, 29 ha große Fläche neu genutzt werden kann. Eine rein gewerbliche Nutzung sollte wegen der Nähe zum Stadtzentrum ausgeschlossen werden. Im Rahmen der "IBA Emscherpark" wurde hier ein moderner, neuer Stadtteil gebaut. Einer der Hauptinvestoren war die Montangrundstücksgesellschaft (MGG), ein Tochterunternehmen der Ruhrkohle AG. Sie ist das für die Inwertsetzung brachgefallener Bergbauflächen zuständig. Es entstand so ein weiteres Beispiel für den strukturellen Wandel in der Region.

Die MGG und die Stadt Bottrop haben dieses Projekt gemeinsam realisiert. In diesem neu gestalteten Viertel soll der Gedanke des vernetzten Wohnens, Arbeitens und Erholens beispielhaft umgesetzt werden.

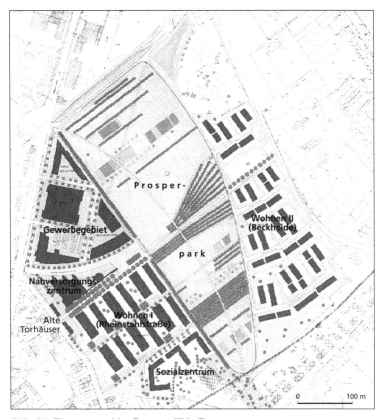

Abb. 24: **Planungsgebiet Prosper III in Bottrop**
Quelle: BEIERLORZER 1996, S. 14

Der Wiederaufbau von Landschaft, Arbeiten im Park, neue Wohnformen und Wohnungen, integrierte Stadtteilentwicklung und neue Angebote für soziale und kulturelle Tätigkeiten – das sind alles Leitprojekte, die in Prosper III umgesetzt wurden. Gleichzeitig konnten aber auch einige Gebäude und ein Teil der Zechenmauer der ehemaligen Schachtanlage erhalten werden, sie zeugen heute von der bergbaulichen Geschichte des Geländes.

Von der Stillegung der Zeche bis zur Vollendung wurde dieses Projekt in nur zehn Jahren realisiert. In dieser Zeit entstanden 450 Wohnungen in drei Siedlungszentren, ein Gewerbegebiet, ein Gründerzentrum, ein Nahversorgungszentrum mit Läden, Café, Restaurant,

Arztpraxen, eine Altenwohnanlage, eine neue Kindertagesstätte und ein großes Grüngelände, der Prosperpark.

❻ *Prosper IV*

Zu Beginn der 1950er Jahre hatte die Jahresförderung auf den Zechen Prosper I/II und III 3 Mio. t überschritten. Es war abzusehen, daß auf lange Sicht die zur Verfügung stehenden Kohlefelder im Süden und unter der Stadt Bottrop die benötigte Fördermenge nicht mehr hergeben konnten, so daß die Existenz des Bergbaus zur damaligen Zeit in Bottrop bedroht war.

Daher wurde im Jahre 1957 mit den vorbereitenden Arbeiten zum Abteufen des Schachtes 9 im heutigen Ortsteil Kirchhellen-Grafenwald begonnen. Eine Kernbohrung wurde 1340 m tief eingebracht, und das Deckgebirge mit einer Mächtigkeit von nur 325 m erwies sich als äußerst günstig für das Abteufen eines Schachtes. Lediglich rund 100 m waren in nichtstandfesten Schichten zu durchteufen, so daß nur im oberen Schachtteil das Gefrierverfahren zur Anwendung kam.

Im August 1958 begannen die Teufarbeiten. Gerade zu dieser Zeit aber bahnte sich die erste Kohlenkrise an, und im Herbst 1958 wurden die ersten Feierschichten gefahren. Wegen der damaligen schlechten Absatzlage wurde der Schacht 9 in aller Stille – ohne die sonst üblichen Feiern zum ersten Spatenstich oder zum ersten Kübel – geteuft.

Die Teufarbeiten dauerten bis Anfang 1960. Schon im Mai rollten die ersten Kohlenzüge aus dem Abbaufeld Prosper IV (Nordlicht) zum Förderschacht nach Prosper III.

❼ *Prosper V*

In den 1960er Jahren, als man auf Prosper IV eine Untertageleistung von über acht Tonnen pro Mannschicht erreichte, war den Bergwerksbetreibern klar, daß diese unter Tage schnell nach Norden vordringende Schachtanlage schon bald einen Frischwetterschacht benötigen würde. Die immer länger werdenden Wetterwege führten zu einer stetigen Verschlechterung des Grubenklimas. Zur Erkundung des Deckgebirges für einen neuen Schacht wurde daher im Frühjahr 1966 auf einem Grundstück in der Kirchheller Heide die Bohrung Prosper 10 niedergebracht. Sie wurde aber, nachdem man auf komplizierte geologische Schichten gestoßen war, wieder eingestellt. Aber die Energiekrise der Jahre 1973/74 bewirkte ein gewisses Umdenken. Plötzlich besann man sich wieder auf die heimischen Energieträger. Der erste Spatenstich von Prosper 10 wurde daraufhin bereits am 7.12.1976 vorgenommen.

Der 1981 vollständig in Betrieb genommene Schacht Prosper 10 dient heute – ähnlich wie der Schacht 9 auf Prosper IV – ausschließlich der Bewetterung der Grubenfelder Prosper IV und Prosper V sowie für Seilfahrten. Kohle oder Abraum sind hier nie gefördert worden. Das ist auch für die Zukunft nicht vorgesehen. Dafür fehlt auch die notwendige Infrastruktur, wie etwa Bahnanschluß, Haldenflächen, Kokerei u. ä..

Die gesamte Kohle des Verbundbergwerkes Prosper-Haniel wird heute über den Schacht Prosper II gefördert ("Förderberg"). Die dort unmittelbar angeschlossene Kokerei Prosper II sorgt für eine rationelle und schnelle Verkokung der Kohle. Über das Gleisnetz wird der Koks sofort abtransportiert.

❽ *Warner Bros. Movie World*

Das Gelände des heutigen Movie World Parks in Kirchhellen-Feldhausen hat eine bewegte Geschichte hinter sich. Ursprünglich handelte es sich um einen landwirtschaftlichen Betrieb. Schon in den 1970er Jahren gab es hier bereits erste Freizeiteinrichtungen: Zunächst ein Märchenwald, aus dem ein Familien-Freizeitpark hervorging. Dieser "Traumlandpark" lockte seit 1978 u. a. mit einer Western-Eisenbahn, Riesenrädern, einem Streichelzoo etc.

Anfang der 1990er Jahre wurde das Gelände in den "Bavaria-Filmpark" umgestaltet. Dieser rentierte sich jedoch nicht, und schon am 30.6.1996 eröffnete nach erneuter Umgestaltung und Erweiterung der neue Filmpark "Hollywood in Germany". An diesem Standort investierten das Land NRW, die Unternehmerfamilie Nixdorf und Warner Brothers rund 400 Mio. DM. Für den Filmpark wurde an der A 31 extra eine neue Anschlußstelle geschaffen und die Zufahrt von der Autobahn zum Warner Park neu gebaut.

Im Umkreis von etwa 250 km leben etwa 27 Mio. Menschen. Etwa die Hälfte kann den Park per PKW in einer Stunde erreichen. Diese Fakten sind die entscheidenden Grundlagen für das Freizeitkonzept des Parkes, der überwiegend als Tagesausflugsziel konzipiert ist. Der Movie World-Park ist nur von März bis Anfang November geöffnet. In der Zeit vom 26.3. bis 25.10.1999 haben etwa 2 Mio. Gäste den Park besucht. Allein zwei Drittel kamen aus den BENELUX-Ländern. Bis heute kommt die überwiegende Zahl der Besucher aus diesem dichtbesiedelten und über die Autobahnen gut angeschlossenen Raum.

❾ *Schloß Beck*

In unmittelbarer Nähe zum Warner Bros. Movie World Park liegt Schloß Beck, das seit Ende der 1970er Jahre als "Dornröschenschloß des Ruhrgebietes" bezeichnet wird. Dieser ehemalige landwirtschaftliche Betrieb zeigt sich heute als ein Märchenschloß mit angeschlossenem Freizeitpark. Im Schloßgebäude sind Märchen nachgestellt und werden durch über 1 000 beweglichen Figuren belebt.

⑩ *Schmücker Hof*
Nach der kommunalen Neugliederung Bottrops Mitte der 1970er Jahre gab es in der Land- und Forstwirtschaft des umfangreich erweiterten Stadtgebietes große Veränderungen. Jedoch sollte beachtet werden, daß es fast ausschließlich der Ortsteil Kirchhellen war, der landwirtschaftliche Strukturen aufwies. Wie im gesamten Bundesgebiet, so auch in Bottrop-Kirchhellen die Anzahl der landwirtschaftlichen Betriebe über 5 ha sehr stark zurückgegangen.

Auf dem Schmücker Hof in Bottrop-Kirchhellen lassen sich die Strukturveränderungen in der Landwirtschaft am nördlichen Rand des Ruhrgebietes besonders gut studieren. 1950 lag die Betriebsgröße des Hofes bei 44 ha. Neben dem Betriebsleiter und seiner Frau waren noch 6 weitere Arbeitskräfte angestellt. Kühe und Schweine wurden gehalten und Getreide angebaut. In den 1960er Jahren kam es zu einer Spezialisierung in der Viehhaltung. 1960 wurde die erste Hühnerhalle für 5 000 Hennen gebaut. 1964 wurde der Hennenbestand auf 15 000 aufgestockt. 1967 gab man die Haltung von Milchvieh auf, 1968 dann auch die Schweinehaltung. Die leerstehenden Gebäude wurden zu Hühnerställen umgebaut. Ende der 1960er Jahre war eine Kapazität von etwa 25 000 Hühnern erreicht.

Nachdem die Spezialisierung der Viehhaltung Anfang der 1970er Jahre vorläufig abgeschlossen war, begann man mit einer gewissen Neuordnung im Außenbetrieb. Durch die Aufnahme des Industriegemüsebaus (insbesondere Spinat für die Tiefkühlkost) war es möglich, Ackerflächen hinzuzupachten, so daß der Betrieb auf etwas über 100 ha wuchs.

In den 1980er Jahren konzentrierte man sich wegen der unbefriedigenden Erlössituation teilweise auf Kern- und Beerenobstanlagen. Der Ausbau der Selbstvermarktung verlangte nicht nur mehr nach Eiern, Kartoffeln und Geflügel. Neue Gesetze im Tierschutz und die Gülleverordnung zwangen den Betrieb Anfang der 1990er Jahre, die Hühnerhaltung drastisch zu reduzieren. Als Konsequenz wurden die Anbauflächen für Beerenobst auf 15 ha, die für Kernobst (Äpfel und Birnen) auf 10 ha (rd. 20 000 Bäume), für Grünspargel auf 2 ha und für Kartoffeln auf 50 ha erweitert.

Mittlerweile ist die gesamte Kernobstanlage mit einer Frostschutzberegnung versehen. Neben einem computergesteuerten Kühllager für 200 t Obst wurde ein computergesteuertes Kartoffellager für 1 500 t mit Sortierung, Computerwaagen und automatischer Verpackungsmaschine eingerichtet. Der Schwerpunkt des Betriebes liegt heute in

der Direktvermarktung. Getreide und Industriegemüse haben wegen der schlechten Preise in diesem Betrieb keine Bedeutung mehr.
1997 wurde der Hofladen stark vergrößert. Er läuft heute als eigener gewerblicher Betrieb.

⑪ Gewerbepark Arenberg-Fortsetzung
Zwischen 1910 und 1930 galt Arenberg-Fortsetzung als "Musterzeche" in Bottrop. Die Architektur entsprach dem Repräsentationswillen der Gründerzeit. Seit der Stillegung der Anlage vor mehr als 60 Jahren erlebten die Zechengebäude wechselnde Folgenutzungen. Mit Mitteln des Landes Nordrhein-Westfalen und der Europäischen Union entstand in letzter Zeit hier schließlich ein Gewerbepark, dessen Kern das Bottroper Gründer- und Technologiezentrum (BGT) ist. In dem denkmalgeschützten Zechengebäude, ergänzt durch einen Neubau, bietet die BGT Mieträume für Gründer und technologieorientierte Jungunternehmer. Die ehemalige Lohnhalle (Foto 17) nahm die Büros der Landesberatungsgesellschaft für Beschäftigung und Selbsthilfegruppen (GIB) auf. Die Schmiede soll Platz für ein Beschäftigungs- und Qualifizierungsprojekt mit Schwerpunkt "Weiterbildung für Frauen" bieten. Rund 6 ha neuerschlossene Gewerbeflächen stehen privaten Investoren zur Ansiedlung kleinerer und mittlerer Betriebe zur Verfügung.

⑫ Haldenereignis Emscherblick
Bisher beherrschten Fördertürme, Hochöfen und Gasometer das Gesicht der Region. Die weithin sichtbaren Zeugen dieser Industrialisierung bilden Orientierungspunkte für die Menschen. Sie verkörpern geschichtliche Erfahrungsbestände und verweisen auf das, was im Ruhrgebiet im Laufe seiner Geschichte wirtschaftlich, sozial und kulturell geschehen ist. Landmarken sind Träger von Erinnerungen. Es wäre daher fatal, die Zeugnisse dieser Geschichte zu leugnen, abzureißen oder "plattzumachen". Sie müssen vielmehr als Basis für das Neue bewahrt, den Menschen nähergebracht und als etwas besonderes, auf das man stolz sein kann, in das öffentliche Bewußtsein gehoben werden. Die künstlerische Gestaltung und die technische Innovation der neuen Landmarke "Haldenereignis Emscherblick" stehen für ein neues Kapitel in der Geschichte der alten Industrieregion.
Im Revier sind Halden Relikte des Steinkohlebergbaus, aufgeschüttete Hügel aus Gesteinsmaterial, das beim Abbau der Kohle mitgeführt und seit den 1960er Jahren aus Kostengründen nicht mehr nach Untertage zurückgebracht wird. In sogenannten Aufbereitungsanlagen wird die geförderte Kohle gewaschen und vom Gestein getrennt. Diese "Waschberge" sind zum Wahrzeichen der Emscherregion geworden.

Die Halden an der Beckstraße und Prosperstraße sind Nachlässe aus der Tiefe des Bergwerks Prosper-Haniel. Im Rahmen der IBA haben Halden eine neue Bedeutung bekommen. Heute sind sie weithin sichtbare Zeichen für den Emscher Landschaftspark; die Halde Beckstraße dokumentiert mit dem Tetraeder die Rückgewinnung von Landschaft. Diese Halde ist die größte der Region und bietet als Naherholungsgebiet heute einen herrlichen Aus- und Überblick über die gesamte Umgebung. Sie liegt in unmittelbarer Nähe der Schachtanlage Prosper II. Ihr zu Füßen befinden sich typische Elemente der Bottroper Wirtschaft bzw. des Bottroper Stadtbildes: eine Kokerei, eine Zeche, die ehemalige Kohle-Öl-Anlage (im Januar 2000 stillgelegt), Kläranlagen, Bahngleise, der Rhein-Herne-Kanal und die Emscher.

Im Rahmen der IBA wurde die Halde zu einem Landschaftsereignis ausgebaut und als "grüner Trittstein" in den regionalen Grünzug C integriert. So entstand ein Aussichtsturm in Gestalt eines Tetraeders auf der Nordspitze der Halde. Auf vier Stahlbetonsäulen "schwebt" das Gerüst etwa 10 m über dem Boden. Der Turm setzt sich aus 15 m langen Stahlrohren zusammen, die mit Knoten aus Gußstahl miteinander verbunden sind. An den Knoten hängen über Edelstahlseile verbunden Treppen und Podeste frei im Raum. Von drei verschiedenen Plattformen aus läßt sich die Aussicht genießen.

Diese "Kunst im Landschaftspark" ist Ausdruck eines neuentstandenen Ausdrucks von Kunst im Raum. Ursprünglich funktionslos gewordene Relikte der Industriegeschichte sollen mit diesen Kunstoder Landmarken aufgewertet werden und so eine sichtbare Ergänzung zum wirtschaftlichen Strukturwandel sein. Kunst soll in diesem Zusammenhang als kritisches Gegenstück zur wissenschaftlichen und instrumentellen Rationalität des planerischen Denkens dienen.

Nachts wird das "Haldenereignis" zu einem "Lichtereignis". Durch eine sparsame, aber eindrucksvolle Beleuchtung in der Spitze der Pyramide wird der Tetraeder zu einer hoch über der Halde schwebenden Lichtskulptur. Ein Lichtband aus Plexiglas zeichnet gelbe und grüne Bänder in den Himmel. Dieses Lichtkunstwerk hat ein Düsseldorfer Künstler entwickelt. Der Denkansatz dabei: Die Epoche der Industrialisierung geht zu Ende. Den "verlöschenden Feuern" von Kohle und Stahl, die das Ruhrgebiet prägten, sollen "neue Feuer" folgen.

⑬ *Kläranlage Bottrop*

Die Emscher und ihre Nebenbäche, Wasserläufe von insgesamt etwa 300 km Länge, sollen in einem Zeitraum von 25–30 Jahren ökologisch grundlegend verbessert werden. Das ab 1906 bis in die 1920er Jahre hinein entstandene System offener Abwassersammler ist zu einem "psychologischen Entwicklungshemmnis" für die gesamte Emscherregion geworden. Früher gab es zu diesem Abwassersystem keine technische Alternative. Die latente Gefahr des Bergbaus unter der Emscher hätte eine unterirdische Abwasserabführung nicht zugelassen. Heute, nachdem der Bergbau neue Felder weiter im Norden des Ruhrgebietes erschlossen hat, findet so gut wie kein Abbau mehr unter der Emscher statt. So ist heute der Bau unterirdischer Kanäle in Verbindung mit dezentralen Kläranlagen technisch möglich. Dieses neue System vermindert insbesondere die enorme Geruchsbelastung in unmittelbarer Umgebung der Emscher. Dadurch werden flußnahe Stadtteile aufgewertet und so neue potentielle Flächen für Erholung und Gewerbe erschlossen.

Bisher wird das gesamte Wasser der Emscher und ihrer Nebenbäche in einem offenen, betonierten Kanal gesammelt und zentral in der Kläranlage Emschermündung in Dinslaken geklärt, kurz bevor die Emscher in den Rhein mündet. Künftig werden die Abwässer dezentral in sechs Gebietskläranlagen gereinigt. Neben den Klärwerken Emschermündung nahmen zunächst Anlagen in Dortmund (1994) und Bottrop (1997) den Betrieb auf. Weitere Standorte sind Herten, Castrop-Rauxel und Bochum. Neben den Bachläufen werden unterirdische Kanäle gebaut, die das Abwasser künftig den Gebietskläranlagen zuführen. Erst nach der Klärung gelangt das (Ab-) Wasser in die Emscher. Langfristig wird so die Versiegelung des Emscherbettes überflüssig und die weitgehende Renaturierung des Emschersystems dadurch möglich.

Mit einer Kapazität von 1,34 Mio. Einwohnergleichwerten sowie einem Investitionsvolumen von 450 Mio. DM ist die Kläranlage neben dem Klärwerk Emschermündung die größte Anlage der Emschergenossenschaft (Die wichtigsten Aufgaben der Emschergenossenschaft sind Abwasserreinigung, Sicherung des Abflusses, Hochwasserschutz und Gewässerunterhaltung. Dazu werden zahlreiche Kläranlagen, Pumpwerke, Abwasserkanäle und Regenbecken betrieben). Zu ihrem Einzugsgebietsfläche gehören die Entwässerungsgebiete der Boye, des Schwarz-, Holz-, Resser- und Sellmannsbaches mit insgesamt 240 km^2 und einer Einzugsgebietsfläche von 648 000 Einwohnern. Dazu kommen zahlreiche industrielle Einleiter aus Bottrop, Bochum, Essen, Gelsenkirchen, Gladbeck, Herten und Herne. Mit einem Baufeld von rund 187 000 m^2 zählte die Kläranlage in den 1990er Jahren zu den größten Einzelbauprojekten in Nordrhein-Westfalen. In planerischer Hinsicht ist das Klärwerk in die großräumige Parklandschaft, den regionalen Grünzug C der IBA, eingebunden worden.

Exkursion 6

Essen zwischen Ruhr und Emscher: Geographischer Süd-Nord-Schnitt zum städtebaulichen und wirtschaftlichen Wandel

H.-W. Wehling

Exkursionsroute (eintägige Bus- oder Autoexkursion, ca. 80 km); alle Exkursionspunkte sind auch mit öffentlichen Verkehrsmitteln zu erreichen:
(Universität Duisburg – Duisburg Hbf –) Essen, City – Museumsviertel/ Gruga – Villa Hügel/Baldeney-See – Margarethenhöhe – Innerer Siedlungsring – Weststadt – Steele – Kray – Gewerbegebiet Ernestine – Industriedenkmal Zeche Zollverein XII – Katernberg – Schurenbachhalde – Zeche Carl

Exkursionsinhalt:
Historische Stadtentwicklung, planerische Veränderungen seit den 1960er Jahren, Recycling von Altindustrieflächen

Foto 18: Blick auf die Essener Innenstadt von Süden

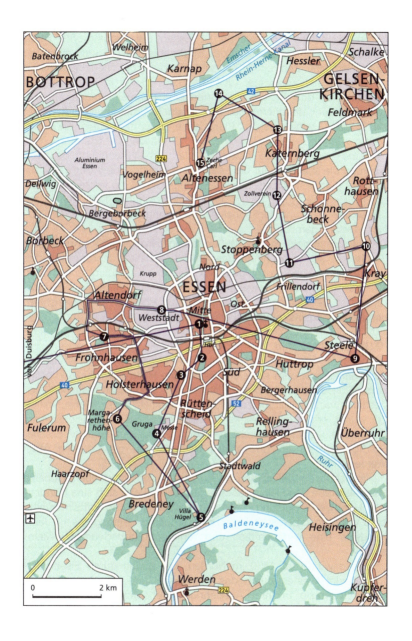

Mit rund 598 000 Einwohnern ist Essen die sechstgrößte Stadt Deutschlands. Funktional wird das Stadtgebiet (210,35 km^2) nicht von einem einzigen Zentrum beherrscht, sondern die Siedlungsstruktur spiegelt noch heute wider, daß die Stadt Essen in ihrer heutigen Ausdehnung das Ergebnis mehrfacher Eingemeindungen ist. Die Trassenführung der ehemaligen Bundesstraße 1, der heutigen A 40, hat sie in zwei Hälften geteilt. Planerische Zielvorstellungen Ende der 1920er Jahre sahen die nördlichen Stadtteile als Standorte von Industrie und Gewerbe sowie für den Arbeiterwohnungsbau vor, während die südlichen für die Erholung und gehobene Wohnviertel zur Verfügung stehen sollten. Dieser Planungsvorstellung folgte die Stadtentwicklung bis in die 1960er Jahre; seitdem haben Maßnahmen zur städtebaulichen und funktionalen Erneuerung das bestehende Süd-Nord-Gefälle gemildert.

War Essen noch in den 1950er Jahren Europas größte Kohle- und Stahlstadt, so ist es heute das größte Dienstleistungszentrum des Ruhrgebietes. Von den 100 größten Unternehmen Deutschlands haben 13 hier ihre Hauptverwaltungen; Essen ist weiterhin Standort regionaler Verwaltungen, von Wirtschaftsverbänden und Gerichten, von Forschungsinstituten und einer Universität.

❶ *Damenstift Astnide*
Historischer Ausgangspunkt der Stadtentwicklung von Essen ist das um 852 von Altfried, dem späteren Bischof von Hildesheim, für den sächsischen Hochadel gegründete freiweltliche Damenstift Astnide. Ausgestattet war das Stift mit zahlreichen Ländereien; als es reichsunmittelbar wurde, erhielt die gewählte Äbtissin den Status einer Reichsfürstin. Das zweite selbständige kirchliche Territorium auf dem heutigen Essener Stadtgebiet war im Süden das der um 800 gegründeten Abtei Werden.

Im Schutz der befestigten Stiftsimmunität und an der überregionalen Handelsstraße des Hellweges gelegen, entwickelte sich eine Händler- und Handwerkersiedlung. 1244 wurden Siedlung und Stiftsimmunität zwar weiträumig befestigt, Essen blieb jedoch bis Anfang des 19. Jahrhunderts eine wirtschaftlich und funktional unbedeutende Kleinstadt.

Diese wurde ab 1850 im Norden und Süden durch Eisenbahntrassen, im Westen durch das Betriebsgelände der Gußstahlfabrik Friedrich Krupp in ihrer Ausdehnung gehemmt. Der anhaltende Bevölkerungszustrom führte in der historischen Altstadt bis 1900 zu einem rapiden Ansteigen der Einwohnerzahl und zu baulicher Verdichtung. Ab 1890 begannen sich die Kaufhäuser anzusiedeln; bis 1938 war die Verkaufsfläche des Einzelhandels auf 120 000 m^2

angestiegen und hatte sich Essen den Ruf der "wohlfeilsten" Einkaufsstadt im Ruhrgebiet erworben. Heute erreichen die Einzelhandelsflächen 300 000 m², ist die Innenstadt durch weiträumige Fußgängerzonen auf den Einzelhandel ausgerichtet und reicht der Einzugsbereich bis in die Niederlande und nach Belgien. Vor allem die neuen regionalen Einkaufszentren machen aber strukturelle Veränderungen im lokalen Einzelhandel notwendig.

❷ *Aalto-Theater und Saalbau*
❸ *Ruhrlandmuseum und Museum Folkwang*
❹ *Grugapark und Messehallen*
Hat sich die Einkaufsinnenstadt auf historischem Boden nördlich des Hauptbahnhofs entwickelt, so konzentrieren sich unmittelbar südlich davon privatwirtschaftliche und öffentliche Büronutzungen. Innerhalb des inneren Siedlungsrings, der die Innenstadt von Huttrop über Rüttenscheid bis nach Altendorf umgibt, schließen sich nach Süden zunächst die Standorte von Aalto-Theater (1988) und Saalbau (1904) an der Huyssenallee, dann das Museumsviertel mit Ruhrlandmuseum und Museum Folkwang an der Alfredstraße an. Der aus der Großen Ruhrländischen Gartenbau-Ausstellung (1929) hervorgegangene Gruga-Park und die seit 1980 ständig erweiterten Messehallen markieren den Südrand des inneren Siedlungsrings.

❺ *Villa Hügel*
❻ *Margaretenhöhe*
Dem äußeren Siedlungsring zugehörig, wird auf der Exkursionsroute dann zunächst die auf den Ruhrhöhen oberhalb des 1930/31 aufgestauten Baldeney-Sees gelegene Villa Hügel (erbaut 1870 –1873) erreicht, und im folgenden die Siedlung "Margarethenhöhe".

Diese geht zurück auf eine Stiftung von Margarethe Krupp zum Zwecke der Wohnungsfürsorge. Zum Architekten wurde 1908 Georg Metzendorf berufen, da er sich bereits intensiv mit dem Kleinwohnungsbau auseinandergesetzt hatte. In den ersten Bauphasen von 1910 – 1913 entstanden 284 Gebäude mit 370 Wohnungen. Der Erste Weltkrieg verzögerte den Baufortschritt, eine angespannte Finanzlage und die dann fortschreitende Inflation erforderten anschließend, daß der bis dahin hohe Anteil von Einfamilienhäusern zugunsten von Mehrgeschoßbauten aufgegeben wurde. 1937/38 erfogte der vorläufige Bauabschluß. Nach erheblichen Kriegsschäden entschloß man sich trotz der Wohnungsnot und der Notwendigkeit einer schnellen, höheren und dichteren Neubebauung zu einem Wiederaufbau mit nur geringen Veränderungen, der 1955 beendet war.

❼ *Frohnhausen*
Die Exkursionsroute führt zunächst weiter über die Hobeisen- und Martin-Luther-Straße, dann durch den dicht bebauten inneren Siedlungsring und im folgenden über die Oncken- und Hirtsieferstraße an dessen westlichem Rand vorbei. Dieser ist gesäumt von zahlreichen Genossenschaftssiedlungen, die in den 1920er und 1930er Jahren entstanden, als hier der Rand der städtischen Bebauung lag und den Genossenschaften preisgünstiges Bauland zur Verfügung gestellt werden konnte.

❽ *Weststadt*
Die Altendorfer Straße folgt der Trasse des alten Hellwegs und führt nach Osten in das Krupp-Betriebsgelände hinein. Im Zweiten Weltkrieg wurden 30 % der Gebäude und Anlagen zerstört, weitere 40 % durch die anschließenden Demontagen abgetragen. Das Gelände fiel in Teilen brach, an anderen Stellen entwickelten sich neue Gewerbe- und Dienstleistungsparks. Aktuell wird im Anschluß an die Musicalhalle "Colosseum" die "Weststadt" entwickelt, eine geplante Mischung aus Wohnungen, Büros und Geschäften.

❾ *Essen-Steele*
Nach Querung der Innenstadt erreichen wir den östlichen Stadtteil Steele. In den 1960/70er Jahren wurde die stark gegliederte Siedlungsstruktur Essens mit einem funktionalen Zentrensystem überzogen. In Werden sowie in den Stadtteilzentren Borbeck und Steele war diese funktionale Entwicklung verbunden mit einer Stadtsanierung, die in Steele so radikal ausfiel, daß sie bundesweit zum spektakulärsten Beispiel einer mißlungenen Sanierung wurde.

❿ *Zeche Bonifacius*
Nördlich von Steele, an der Landstraße nach Gelsenkirchen, entwickelte sich der Stadtteil Kray im Verlauf des 19. Jahrhunderts zum einen zu einem Eisenbahnknotenpunkt, zum anderen war er Standort der Zeche Bonifacius. Nachdem die Zeche 1899 in den Besitz der Gelsenkirchener Bergwerks-AG (GBAG) übergegangen war, begann eine Zeit betrieblichen Aufschwungs. Die neuen Tagesanlagen wurden nach einem einheitlichen Ordnungsprinzip gestaltet; damit gehört "Bonifacius" zusammen mit "Carl" in Altenessen und "Zollverein XII" in Schonnebeck/Katernberg zu den beispielhaften Zechenanlagen in Essen. Die Schachtanlage wurde 1966 stillgelegt, die Betriebsgebäude werden heute gewerblich genutzt.

❶ Gewerbegebiet "Ernestine"
Im Bereich zwischen Kray und Stoppenberg führt die Exkursionsroute durch das Gewerbegebiet "Ernestine", eines von 16 Projekten, bei denen die Stadt Essen in den 1970er Jahren durch ökologisches und infrastrukturelles Recycling von altem Bergbaubetriebsgelände einem drohenden Gewerbeflächenengpaß zu entgehen suchte.

Der Stadtteil Stoppenberg geht zurück auf die Gründung eines Filialstiftes der Abtei Essen; Stiftskirche (1073/74) und Nikolauskirche (1906/07) prägen städtebaulich den Kapitelberg.

❷ Schachtanlage Zollverein
Die Schachtanlage "Zollverein XII" im Übergangsbereich zwischen Stoppenberg und Katernberg ist der bauliche und technische Höhepunkt in der Entwicklung der Zeche Zollverein und war eine der produktivsten Schachtanlagen des Ruhrgebietes.

Seit 1847 entstanden im Grubenfeld "Zollverein" vier weitgehend unabhängige Schachtanlagen. Nach dem Ersten Weltkrieg und der Ruhrbesetzung waren auf ihnen technische und bauliche Erneuerungen notwendig. Da diese aber insgesamt zu kostspielig erschienen, entschloß man sich zu einem für die damalige Zeit revolutionären Vorhaben – dem Zusammenschluß aller Anlagen zu einer Verbundschachtanlage mit einem einzigen leistungsfähigen Zentralförderschacht; dieser Schacht 12 ging 1932 in Förderung. 1986 wurde die Anlage stillgelegt. Baulich und technisch repräsentiert sie den Höchststand des Ruhrbergbaus um 1930, dient heute einer Vielzahl kultureller und gewerblicher Nutzungen und ist ein rechtskräftig geschütztes Baudenkmal.

❸ Essen-Katernberg
Kein anderer Essener Stadtteil ist in seiner wirtschaftlichen Entwicklung und in seiner baulichen Struktur so stark vom Bergbau geprägt wie Katernberg; noch heute machen Bergarbeitersiedlungen einen wesentlichen Teil der Siedlungsstruktur aus. Zu den am besten erhaltenen Resten des bergbaulichen Großsiedlungsbaus gehört die Bebauung an der Meerbruchstraße.

❹ Schurenbachhalde
Die Schurenbachhalde jenseits der Autobahn A 42 gehört zum Typ der Terrassenhalden und wurde zum Standort des IBA-Kunstwerkes "Bramme für das Ruhrgebiet" von Richard Serra.

⓯ *Zeche "Carl":*
Die Exkursion endet an der ältesten noch erhaltenen Zechenanlage Essens. Es ist dies die Zeche "Carl" (1861) in Altenessen mit einer der schönsten Malakow-Anlagen des Ruhrgebiets. Die wichtigste Neunutzung ist das in Waschkaue und Kasino seit den 1980er Jahren etablierte Kulturzentrum.

Das Ruhrgebiet im Strukturwandel ausgewählter wirtschaftsgeographischer Aspekte

Exkursion 7

Strukturwandel im linken Niederrhein-Revier

W. Flüchter

Exkursionsroute (eintägige Bus- oder Autoexkursion, ca. 100 km):
(Universität Duisburg – Duisburg Hbf. –) Duisburg-Rheinhausen – Duisburg-Asterlagen – Moers-Hochstrass – "Grafenstadt" Moers – Kolonie Meerbeck – Technologiepark Eurotech – Chemiewerk Condea-Meerbeck – Grafschafter Gewerbepark Genend – Bergehalde Pattberg – Zeche Friedrich Heinrich und "Altsiedlung"– Kamp-Lintfort – Kloster Kamp

Exkursionsinhalt:
Bergbau und Schwerindustrie im linken Niederrhein-Revier im Zeichen des regionalen Strukturwandels, Werkswohnsiedlungen und Stadtteilerneuerung, Gewerbeansiedlung als Herausforderung für die Kommunen. Landschaftspark NiederRhein, Stadt- und Regionsmarketing, Suburbanisierung

Foto 19: Technologiepark Eurotech in Moers, ehemaliges Zechengebäude Rheinpreußen

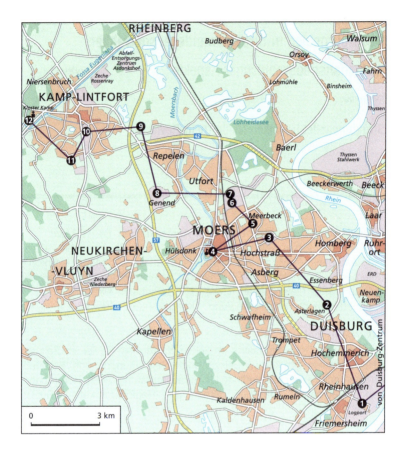

Das linke Niederrhein-Revier umfaßt außer den linksrheinischen Stadtteilen Duisburgs die Städte Moers, Neukirchen-Vluyn, Kamp-Lintfort und Rheinberg. Dieser wirtschaftlich monostrukturierte Raum hat seit der Kohle- und Stahlkrise der 1960er Jahre zehntausende Arbeitsplätze verloren. Dieser Verlust konnte bisher nur ansatzweise ausgeglichen werden. Bei der Bevölkerung im Kern des Ruhrreviers, vor allem Duisburgs, ist der landschaftlich attraktive und autoverkehrsgünstige linke Niederrhein als Naherholungsgebiet und potentieller Wohnstandort im Grünen gefragt. Hier gilt es, im Kontext anhaltender Suburbanisierung, vor allem aber wirtschaftlicher Anpassungszwänge, den dringend nötigen Strukturwandel nachhaltig voranzubringen. Dies bedeutet: sozialverträglicher Stellenabbau in den "alten" Industrien, Schaffung neuer, möglichst zukunftsfähiger Arbeitsplätze durch

Vorhaltung attraktiver Gewerbeflächen, Flächenrecycling von Industriebrachen, Weiterentwicklung endogener Natur- und Humanpotentiale, Förderung der räumlichen Identität, nicht zuletzt Nutzung der regionalpolitischen Möglichkeiten zur Umstrukturierung "alter" Industriegebiete. In diesem komplexen Aufgabenfeld sind als Akteure vor allem öffentliche Hand, private Wirtschaft, Kapitaleigner und öffentlichrechtliche Organisationen zur Zusammenarbeit aufgerufen.

❶ *Duisburg-Rheinhausen*
Das 1896 gegründete Werk Rheinhausen der Krupp-Stahl A.G. galt lange als vorbildlich: großregional günstige Lage im Bezugs- und Absatzmarkt Rhein-Ruhr, räumlich und funktional voll integrierter Standort (265 ha) mit Rheinhafenanschluß für die Anlieferung importierter Eisenerze und Kohle, die vor der Ära der Importkohle durch nahe linksrheinische Zechen geliefert wurde. Dem durchaus rentabel arbeitenden Hüttenwerk drohte 1988 die Schließung, die tausende Rheinhausener Stahlarbeiter durch medienwirksamen Kampf um ihre Arbeitsplätze (u. a. Besetzung der Rheinbrücke) um fünf Jahre aufschieben konnten. Zur Zeit der endgültigen Stillegung 1993 waren im Rheinhausener Werk, das in seiner Hochphase 1960 ca. 20 000 Menschen beschäftigt hatte, nur noch 2 500 Personen tätig. Die Krupp-Industriebrache wurde 1998 von der Duisburg Ruhrorter Hafen AG (je zu einem Drittel im Besitz von Bund, Land und Stadt) zum – politisch ausgehandelten – Vorzugspreis von 65 Mio. DM (= 25 DM/m^2) erworben. Für die Erschließung des Geländes (Altlasten!) sind bis 2002 öffentliche Investitionen von über 300 Mio. DM vorgesehen, darunter ein Drittel Fördermittel der EU und des Landes NRW. Der neue Standort mit dem Markenlabel "Logport" (s. Abb. 25) zielt nicht nur auf die Ansiedlung von Logistik- und Verkehrsunternehmen, sondern auch auf das produzierende Gewerbe und logistiknahe Dienstleister. Davon erhofft man sich – optimistisch – 5 000 neue Arbeitsplätze. Die Entwicklung zum internationalen Logistikzentrum seit 1998 ist beachtlich. Drei international bekannte Unternehmen sind bereits eingezogen und versprechen Sogeffekte für eine Ausbauphase, deren Abschluß 2005 erreicht werden soll. Als Standortvorteil gilt die "Trimodalität" des Geländes: seine für kombinierte Verkehre günstige Anbindung über Wasser, Schiene und Straße.

Von den alten Krupp-Anlagen bleiben lediglich die Kokerei, ein Hochofen und eine denkmalgeschützte Halle vom Abriß verschont, zusätzlich auch die Bliersheimer Villen: zehn ehemalige Krupp-Direktoren-Residenzen, die nach dem Krieg in Bereitschaftswohnungen umgewandelt wurden und baulich zu verfallen drohten. Das inzwischen denkmalgeschützte Häuserensemble soll nach

Abb. 25: Ehemaliges Krupp-Hüttenwerk Rheinhausen: Funktionswandel zum Dienstleistungszentrum "Logport"

Verkauf an einen Bauunternehmer seinen Charakter bewahren und Flächen für gehobene Bürofunktionen bieten.

❷ *Duisburg-Asterlagen*

Dieser Vorzeige- und Prestigepark der Stadt Duisburg zielt darauf ab, nicht nur Standort, sondern auch Sitz für Unternehmen zu sein. Für die erste Adresse der Stadt wurde jungfräuliches Gelände im ehemaligen Rheinbogen geopfert – 40 ha landwirtschaftlich genutzte Fläche. Das Resultat ist ein attraktives Gewerbegebiet mit reizvollem Landschaftspark (ein Fünftel der Gesamtfläche) in verkehrsgünstiger Lage (Anschluß Autobahn A 40). Nach einer in den 1990er Jahren zunächst nur schleppenden Nachfrage haben sich mittlerweile bedeutende Dienstleistungsunternehmen (allerdings ohne Firmensitz in Duisburg) mit derzeit ca. 1600 Arbeitsplätzen angesiedelt. Das Festhalten am angestrebten Qualitätsprofil für ansiedlungswillige Betriebe hat allerdings zur Folge, daß große Flächen nach wie vor noch ungenutzt sind. Als Nachteil erweist sich die linksrheinische Lage des Businessparks nahe der Stadtgrenze zu Moers, das arbeitsmarktpolitisch von dieser Ansiedlung mehr profitiert als die Stadt Duisburg.

❸ *Moers-Hochstraß*
Die hier seit 1904 fördernde Zeche mit angeschlossener Kokerei diente nach ihrer Stillegung 1964 als Abwetterschacht und wurde nach Schließung der Schachtanlage des Rheinpreußen-Verbundwerkes Rheinland 1991 außer Betrieb gesetzt. Schacht IV mit dem letzten noch erhaltenen Doppelstrebengerüst und Übertageanlagen im einheitlich neugotischen Backsteinstil steht unter Denkmalschutz. Der Standort ist beispielhaft für einen Strukturwandel durch Privatinitiative. Ein Architekturbüro und Immobilienunternehmen erwarb 1992 den gesamten Komplex und entwickelte ihn ohne öffentliche Fördermittel zu einem attraktiven Gewerbegebiet. Das eindrucksvolle Ambiente – architektonisch wertvolle Bausubstanz, behutsam angeglichene Neubauten, alter Baumbestand – zog einen Mix von Branchen an, die insgesamt jedoch nur ca. 200 neue Arbeitsplätze bieten.

❹ *"Grafenstadt" Moers*
Moers als Sitz der gleichnamigen Grafengeschlechter erhielt 1300 Stadtrechte. 1601 – 1702 niederländisch, erst seit 1702 preußisch, wuchs die Stadt im Rahmen der letzten Verwaltungsneugliederung 1975 durch Eingemeindungen auf 108 000 Ew. an, mußte allerdings ihren Kreissitz zugunsten von Wesel aufgeben. Die historische Altstadt (mittelalterliche Stadtanlage, Wallpromenade, Schloßpark) wurde Mitte der 1960er bis Ende der 1980er Jahre saniert. Als starkes Mittelzentrum bietet Moers ein breitgefächertes Waren- und Freizeitangebot. Lokale Einzelhandelsgeschäfte behaupten sich hier relativ stark gegenüber dem für Innenstädte sonst typischen Vordringen von Filialkettenläden. Das Ambiente des weitgehend fußläufigen Stadtkerns trägt entscheidend mit dazu bei, daß Einkaufen Spaß macht, einem Naherholungsausflug gleichkommt. Deshalb sieht die Stadt der neuen bzw. geplanten Einzelhandelskonkurrenz des nahen Ruhrgebietes (CentrO./Oberhausen bzw. MultiCasa/Duisburg) verhältnismäßig gelassen entgegen.

❺ *Kolonie Meerbeck-Hochstraß*
Diese Bergarbeitersiedlung der Gewerkschaft Rheinpreußen, mit 2 800 Wohneinheiten auf 110 ha eine der größten in Deutschland, ist typisch

für den sozialen Werkswohnungsbau vom Anfang des 20. Jahrhunderts. Dieser war von den Zechengesellschaften nicht uneigennützig geplant, denn sie waren daran interessiert, durch die Kombination von Miet- und Arbeitsvertrag eine Stammarbeiterschaft langfristig an das Unternehmen zu binden. Die ländlich geprägte Siedlungsform ("Kolonie") mit Nutzgärten – heute gewöhnlich Ziergärten – entsprach der Nachfrage der Arbeiter, die überwiegend aus den agrarischen Ostgebieten des Deutschen Reiches angeworben wurden. Die in den 1970er Jahren baulich heruntergekommene Großsiedlung mit 49 Haustypen (darunter einem einzigen Typ, der 40 % des Gebäudebestandes ausmacht) wurde seit 1980 komplett saniert. Voraussetzung dafür war das Engagement der Stadt Moers, die den größten Teil des Bestandes aufkaufte und ein verträgliches Sanierungskonzept entwickelte: Erhaltung des baulichen Charakters und der sozialen Strukturen der Siedlung sowie Mitsprache der Bewohner und die Möglichkeiten von Eigenleistungen. 300 Mio. DM Investitionen der Stadt Moers und der gemeinnützigen Wohnungsbaugesellschaft Glückauf, darunter erhebliche Zuschüsse des Landes Nordrhein-Westfalen, wurden für eine baulich und sozial vorbildliche Sanierung verwendet. Die offiziell nicht denkmalgeschützte Kolonie bietet ca. 8 700 Bewohnern, darunter ein Drittel Ausländer (davon wiederum zwei Drittel Türken) Voraussetzungen für ein harmonisches Zusammenleben.

❻ *Technologiepark Eurotech*
Hauptauslöser des Strukturwandels war für die Stadt Moers 1991 die Schließung der Schachtanlage Rheinpreußen (seit 1971 Verbundwerk Rheinland mit den Zechen Pattberg und Rossenray). Das 1905 in Betrieb genommene Bergwerk beschäftigte zuletzt ca. 3 000 Personen. Das Flächenrecycling der nördlich an die Kolonie Meerbeck anschließenden Schachtanlage erforderte erheblichen zeitlichen und finanziellen Aufwand und gelang nur mit beträchtlicher Unterstützung durch Bundes- und Landesmittel. Das neoromanisch anmutende Zechenhauptgebäude (Foto) ist nach seiner Restaurierung Aushängeschild eines Technologieparks, dessen Vermarktungsgesellschaft auf ca. 4 000 m^2 Büro- und Laborfläche vor allem Existenzgründer, junge Unternehmen und Einrichtungen mit dem Schwerpunkt technologieorientierte Aus- und Weiterbildung ansiedeln will. Bekannteste Adresse ist das Institut für Mechatronik (IMECH GmbH), ein privatwirtschaftlich geführtes, personell mit der Universität Duisburg liiertes An-Institut, das 33 hochqualifizierte Mitarbeiter beschäftigt. Die derzeit noch unbefriedigende Auslastung des Parks, in dem insgesamt 310 Personen tätig sind, hat ihre Gründe, denn bei der Vermarktung haben Qualitätskriterien Vorrang.

❼ *Chemiewerk Condea-Meerbeck*
Auf dem westlich an den Technologieperk Eurotech anschließenden Gelände stand ursprünglich ein Hydrierwerk der Gewerkschaft Rheinpreußen, das im Zuge der Autarkiebestrebungen des Dritten Reiches seit 1936 Treibstoff aus Kohle (der benachbarten Zeche Rheinpreußen) erzeugte. Der später zur Deutschen Texaco, heute zur RWE-DEA-Gruppe gehörige Betrieb produziert mit 500 Beschäftigten petrochemische Basisprodukte, vor allem sauerstoffhaltige Lösemittel. Als nachteilig für den heutigen Standort erweist sich die fehlende Anbindung an einen Hafen und an Rohrleitungen.

❽ *Grafschafter Gewerbepark Genend (GGG)*
Dieser seit 1998 zur Erschließung anstehende Gewerbepark gilt als Pilotprojekt des Landes Nordrhein-Westfalen für interkommunale Zusammenarbeit.

Seit den Beschlüssen der Kohlerunde 1991 und dem sich abzeichnenden Rückzug des Bergbaus aus der Region zielen die vier bergbaugeprägten Niederrhein-Städte Moers, Kamp-Lintfort, Neukirchen-Vluyn und Rheinberg auf eine abgestimmte Wirtschaftsförderung. Unter Vermeidung von Kirchturmspolitik, die gegenseitig miteinander konkurrierende Nachbargemeinden ausnutzbar macht, sollen Arbeitsplätze geschaffen sowie der Wirtschaftsstandort kommunal übergreifend gestärkt und wettbewerbsfähig gemacht werden. Für die Realisierung des Gemeinschaftsprojekts GGG sind 100 Mio. DM vorgesehen, darunter 50 Mio. DM Landesmittel.

Die Vermarktung der Gewerbeflächen obliegt einer GmbH, an der als Gesellschafter die Stadt Moers zur Hälfte, die drei anderen Städte mit je einem Sechstel beteiligt sind. Erwartet werden Investitionen in Höhe von einer halben bis 1 Mrd. DM zur Schaffung von 1 500 – 2 000 neuen Arbeitsplätzen im Dienstleistungsgewerbe, High-Tech-Bereich und in der produktionsorientierten Forschung.

Die Attraktivität des 110 ha großen, zu Recht so bezeichneten "Parks" ergibt sich aus dem hohen Anteil an Grünflächen von über 50 % – u. a. zur Erhaltung des Landschaftsbildes der von Donken (flachen Mulden) und Kendeln (leichten Erhöhungen) geprägten Niederterrassenebene – und aus der verkehrsgünstigen Lage zu drei Autobahnen im Einzugsgebiet Rhein / Ruhr. Trotz günstiger Bodenpreise von nur 60 DM / m^2 ist die Nachfrage noch schleppend. Nicht unproblematisch ist die zukünftige Verteilung des Steueraufkommens. Moers und Neukirchen-Vluyn stellen grenzüberschreitend die Flächen bereit, Aufwand und Erlöse werden mit den Nachbarn Kamp-Lintfort und Rheinberg geteilt.

❾ *Bergehalde Pattberg, "Landschaftspark NiederRhein"*
Kohleabraumhalden als starkes Potential für die Naherholung: typisch dafür ist diese markante Aussichtsplattform, geographischer Mittelpunkt des "Landschaftsparks NiederRhein" – die Schreibweise mit großem "R" soll das Konzept der vier o. g. Städte kennzeichnen, auch in den Bereichen Ökologie und Umwelt, Freizeit und Tourismus, Kunst in der Landschaft, Städtebau und Verkehr eng zu kooperieren. Die seit 1964 aufgebaute, rekultivierte Bergehalde Pattberg – seit 1997 im Besitz des Kommunalverbands Ruhr – steht seit 1988 der Öffentlichkeit zur Verfügung.

Das jährlich hier stattfindende Drachenfest mit Kultur- und Kunstprogramm zieht zehntausende Besucher an. Derzeit wird um den Aussichtspunkt in einem Umkreis von 4 km der "NiederRheinische Baumkreis" gepflanzt. Als ein Zeichen der Zusammenarbeit durchzieht er das Gebiet der vier o. g. Städte und ist kombiniert mit einer Rad- und Wanderroute.

Der Rundblick gibt Aufschluß über landschaftlich markante Rekultivierungs- und Erschließungspotentiale bzw. Industriestandorte: im SW die Halde "Norddeutschland" (Entwicklung zu einem Luftsportzentrum für Drachen- und Gleitschirmflieger), dahinter die Übertageanlagen der Zeche Niederberg, Neukirchen-Vluyn (1 900 Arbeitsplätze, Stillegung 2002, 85 ha Folgenutzung noch ungewiß), im W und NW die zu Kamp-Lintfort gehörenden Schachtanlagen Friedrich Heinrich im Verbund mit Rossenray (nach 2002 die einzigen noch verbleibenden Zechen am linken Niederrhein, Rossenray als Landmarke geplant), im NNW das Abfallentsorgungszentrum Asdonkshof des Kreises Wesel (1996 in Betrieb genommen, als Müllverbrennungsanlage wegen ihrer Überkapazität umstritten), im N weiter im Hintergrund die Kulisse der belgischen Solvay AG in Borth (größtes Steinsalzbergwerk Europas), zu Füßen im ESE die 1995 geschlossene Zeche "Verbundwerk Rheinland Pattbergschächte" (Förderung seit 1927, 1970 mit 5 200 t Förderleistung pro Mann und Schicht die leistungsfähigste Zeche der Ruhrkohle AG, nach Stillegung 1994 Erschließung der 50-ha-Brache zugunsten eines Auto-Recycling-Center), dahinter im SE die zu Pattberg gehörende Bergarbeiterkolonie Repelen, Moers (denkmalgeschützte Siedlung aus den 1930er Jahren, heute im Besitz einer Essener Wohnungsbaugesellschaft, Sanierung steht vor dem Abschluß), in der Ferne im ESE die Halde "Rheinpreußen" (als Landmarke geplant). Landschaftlich auffallend ist die Flächeninanspruchnahme der Sand- und Kiesindustrie, die vorübergehend markante Narben hinterläßt (Auskiesungsseen parallel zur A 57), nach Rekultivierung jedoch abwechslungsreiche wasserorientierte Freizeitreviere bieten kann (Lohheider See im E).

⑩ *Kamp-Lintfort: Zeche Friedrich Heinrich und "Altsiedlung"*
Auslöser der systematischen Besiedlung der heutigen Stadt Kamp-Lintfort (40 000 Ew.) war die Schachtanlage Friedrich Heinrich. Im Verbund mit der Zeche Rossenray ist diese mit 3 700 (bis 2005 nur noch 2 500) Beschäftigten der größte Arbeitgeber der Stadt, in der 1961 noch 10 000 Menschen im Bergbau tätig waren. Nach Aufnahme der Kohlenförderung 1904 entstand 1909 – 1930 unmittelbar östlich der Zeche im damals ländlichen Lintfort eine Musterkolonie in leicht geschwungener Straßenführung mit Schulen, Kirchen, Markt und Geschäften. Die 76 ha große Siedlung mit 1 500 Häusern – darunter viele des gleichen, allerdings abwechslungsreichen Grundtyps – besteht aus ca. 2 000 Wohneinheiten für ca. 6 000 Bewohner, darunter ca. ein Fünftel Ausländer. Im Zuge der Sanierung, die seit 1979 mit beträchtlichen Landes- und Bundesmitteln erfolgte und 2004 abgeschlossen sein soll, wurden die Mietwohnungen im Besitz der Montan-Grundstücksgesellschaft den Bergleuten als Eigentum angeboten. Die Privatisierung und Umgestaltung des Gebäudebestandes – ca. 20 % sind inzwischen verkauft – war Anlaß für eine kommunale Satzung, die darauf abzielt, das charakteristische Bild der Siedlung als "Gartenstadt" zu erhalten – z. B. durch die Auflage, Anbauten nur auf der Häuserrückseite zu genehmigen.

⑪ *Kamp-Lintfort: Gewerbegebiete*
Den Verlusten von 3 100 Arbeitsplätzen im Bergbau 1993 – 2000 standen in Kamp-Lintfort zuletzt eindrucksvolle Gewinne von alles in allem 3 400 Arbeitsplätzen gegenüber.

a) Gewerbegebiet Süd
Dieses konventionelle, seit den 1960er Jahren erschlossene Gewerbegebiet beherbergt mit dem Werk der Siemens AG ein Unternehmen, das zwar schon seit 1963 hier ansässig ist, jedoch erst seit Mitte der 1990er Jahre enorme Bedeutung für die Schaffung zusätzlicher neuer Arbeitsplätze erlangte. Entscheidende Voraussetzung dafür ist die massenhafte Verbreitung des Mobilfunks. Der Münchener Konzern will das Werk Kamp-Lintfort als Hauptbetrieb der Produktion von Handys entwickeln – vor den nachgeordneten Standorten Bocholt, Leipzig und Shanghai. Die Herstellung von Handys in Kamp-Lintfort soll im Jahre 2000 mit 20 Mio. Stück doppelt so hoch liegen wie 1999 und 2001 auf 25 Mio. Stück steigen. Entsprechend wird die Zahl der Mitarbeiter, die 1997 noch bei 1 500 lag, von derzeit 2 100 auf 2 700 erhöht. Die atemberaubende Entwicklung ist für die Stadt außerordentlich erfreulich. Jedoch: Es handelt sich um ein außengesteuertes Montage- und Zweigwerk ("verlängerte Werkbank"), das in Krisen-

zeiten ebenso schnell unerfreuliche Resultate zeigen könnte – nicht lange zurück liegt die Reise einer städtischen Delegation nach München zur Rettung des Werkes Lintfort, wo die Zahl der Arbeitsplätze 1993 auf 400 geschrumpft war.

b) Gewerbe- und Technologiepark Dieprahm
Die Absicht, die strukturschwache Region qualitativ aufzuwerten, war Anlaß für die Entwicklung dieses neuen Standorts "auf der grünen Wiese" neben dem historischen Haus Dieprahm. Mit erheblicher Unterstützung des Landes Nordrhein-Westfalen wurde ein ökologisch ansprechendes Gelände durch großzügige Ausstattung mit Grünflächen und Wasser geschaffen und zurecht als "Park" deklariert. Unter den ca. 400 hochwertigen Arbeitsplätzen, die bisher entstanden sind, hat das Institut für Mobil- und Satellitenfunktechnik (IMST), ein An-Institut für Forschung und Entwicklung der Universität Duisburg, mit 120 Mitarbeitern (davon drei Viertel Wissenschaftler) besonderes Gewicht. Die Vermarktung des Standorts Dieprahm war und ist erwartungsgemäß schleppend – trotz des attraktiven Bodenpreises von 38 DM/m^2 – , da man zu Recht an der Vorhaltung eines qualifizierten Gewerbe- und Technologieparks festhalten will.

⑫ Kloster Kamp
Weiterfahrt nach Norden vorbei am Stadtzentrum Kamp-Lintfort (fußläufiger Bereich) über die Fossa Eugeniana (unvollendete Kanalverbindung zwischen Rhein und Maas, 1626 – 1633 von der spanischen Besatzungsmacht im Krieg gegen Holland gebaut) hinauf zum Kamper Berg (Erosionsrest eines ursprünglich zusammenhängenden Stauchmoränenwalles). Das 1123 hier gegründete Kloster war die erste Zisterzienserabtei auf deutschsprachigem Gebiet und Ausgangsbasis der Missions- und Kolonisationsbewegung in Mitteldeutschland. Von besonderem Reiz ist der barocke Terrassengarten ("Sanssouci am Niederrhein"), der ähnlich wie der Großteil des Klosters (heute von Karmelitern geführt), nach der Säkularisierung 1802 zerstört wurde und verwahrloste. Als Teil des Denkmalensembles Kamper Berg ist die Gartenanlage, die lange nur durch alte Ansichten überliefert war, seit den 1980er Jahren wiederhergestellt. Schönes Wetter trägt zu einem regen Tages- und Wochenendtourismus bei. Im Zeichen der Gestaltung des Landschaftsparks NiederRhein und des Stadtmarketings ist die Errichtung eines Skulpturenparks zwischen dem Kloster Kamp und der Schachtanlage Friedrich Heinrich entlang der Kendel-Niederung Große Goorley vorgesehen: Ein interessanter Versuch, eine Beziehung zwischen barocker und industrieller Kultur herzustellen.

Exkursion 8

Verkehr und Mobilität im Ruhrgebiet: Das Beispiel Dortmund

Chr. Marquardt

Exkursionsroute (von Duisburg eintägige Bus- oder Autoexkursion, ca. 140 km; von Dortmund Halbtagesexkursion, ca. 35 km); alle Exkursionspunkte sind auch mit öffentlichen Verkehrsmitteln zu erreichen:
(Universität Duisburg – Duisburg Hbf–) Hauptbahnhof Dortmund – Stadtbahn Rhein-Ruhr Dortmund – H-Bahn Dortmund – Flughafen Dortmund

Exkursionsinhalt:
Das aktuelle Thema Verkehr am Beispiel eines Agglomerationsraumes.

Foto 20:
**H-Bahn auf dem Dortmunder Universitäts-campus –
kann Mobilität der Zukunft so aussehen ?**

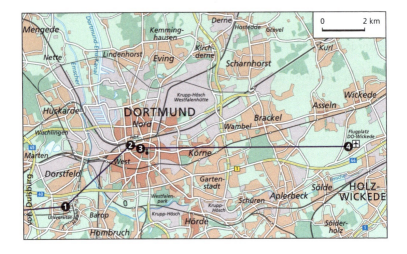

Die industrielle Entwicklung des Ruhrgebietes ist eng verflochten mit dem verkehrlichen Wachstum. Das Bevölkerungswachstum, unterstützt durch die hohe Zahl an Zuwanderern, machte leistungsfähige Verkehrswege erforderlich.

Eine nennenswerte verkehrliche Entwicklung begann jedoch zunächst im Güterverkehr. Die Kohleschiffahrt auf der Ruhr stellte die erste Form des Massengüterverkehrs im Ruhrgebiet dar. Die Treidelschiffahrt auf der Ruhr war besonders stark auf dem Abschnitt zwischen dem Zechenstandort Mülheim und dem Hafen in Ruhrort ausgeprägt. Von dort aus führten die Transportwege über den Rhein sowohl nach Holland als auch Richtung Süden. Durch den Bau ergänzender Schiffahrtswege wurden eine verbesserte Erschließung des Ruhrgebietes und zusätzliche Verbindungen in andere Regionen erreicht. Hierbei ist der Bau des Rhein-Herne-Kanals (1914) hervorzuheben, der die Städte und Industriestandorte der Emscherzone miteinander verknüpft.

Erst ab 1838 wurden erste Versuche im Ruhrgebiet unternommen, die Kohlebeförderung über Eisenschienen abzuwickeln. Mitte des 19. Jahrhunderts hielt die Eisenbahn Einzug in die Ruhrregion. Im Jahre 1847 verkehrte der erste Zug auf der Strecke der Köln-Mindener-Eisenbahn. Die Hollandbahn von Oberhausen nach Amsterdam wurde 1856 in Betrieb genommen, und die Bergisch-Märkische-Bahn stand ab 1862 zur Verfügung.

Neben dem Massengüterverkehr (Kohle, Erz und Stahl) entwickelte sich auch der Personenverkehr immer stärker. Das Mobilitätsbedürfnis der wachsenden Bevölkerung gewann an Bedeutung.

Während die Siedlungsstrukturen zunächst von einer Einheit aus Arbeiten und Wohnen geprägt waren, entstand zunehmend eine Trennung, und dadurch bedingt wurden längere Wege zwischen Wohn- und Arbeitsstätte üblich. Die Erfindung der Eisenbahn und die Einführung der ersten Linien im Ruhrgebiet machten erstmals auch den Massentransport im Personenverkehr möglich.

Die starke Zunahme der Individualmotorisierung bereits in den 1920er und 1930er Jahren, ganz massiv jedoch in der "Wirtschaftswunderzeit" nach dem Zweiten Weltkrieg, verlangte nach neuen Problemlösungen. Insbesondere das Wachstum des motorisierten Individualverkehrs (MIV) nahm Ausmaße an, die sich unter den damals bestehenden Bedingungen eher zunehmend zu einem Hindernis in der Mobilität entwickelten.

Der beispiellose Aufschwung der Ruhrregion zur führenden europäischen Industrieregion war verbunden mit einem ebenso beispiellosen Aufbau des Verkehrsnetzes.

Während in den 1950er und 1960er Jahren noch die "autogerechte Stadt" propagiert wurde, wurden in den 1980er und 1990er Jahren intelligente Gesamtverkehrskonzepte gefragt, die unter Einbindung aller Verkehrsarten innovative Lösungen bieten. Gerade vor dem Hintergrund von 25 mittel- und oberzentralen Siedlungsschwerpunkten in einem polyzentrischen Ballungsgebiet ist eine verstärkte interkommunale Zusammenarbeit erforderlich. Eine besondere Bedeutung kommt dabei dem Kommunalverband Ruhrgebiet zu.

Bei der Verkehrsplanung im Ruhrgebiet kommt erschwerend hinzu, daß die Fläche auf drei Regierungsbezirke aufgeteilt ist. Die Bezirksregierungen in Münster, Köln und Arnsberg sowie die Zentrenstruktur und damit verbundene kommunale Eigenständigkeit machen eine einheitliche und abgestimmte Planung ausgesprochen kompliziert.

Bereits in den 1930er und 1940er Jahren war die Bevölkerung im Ruhrgebiet um rund eine halbe Million Zuwanderer angewachsen. Der Aufschwung in der Nachkriegszeit, der insbesondere durch das "Wirtschaftswunder" zu begründen ist, führte zu einem weiteren Bevölkerungswachstum. Eng damit verbunden war die Nachfrage nach mehr obilität innerhalb der Region und zunehmend auch ein- und ausbrechende Verkehrsströme. Ein wesentliches Merkmal der "Wirtschaftswunderzeit" war die massive Zunahme der Individualmotorisierung.

Diese Entwicklung wurde insbesondere beim Modal Split deutlich, der sich immer stärker hin zum privaten Pkw entwickelte. Mit dem Bau zuätzlicher Straßen und Flächen für den ruhenden Verkehr wurde diesem Trend Rechnung getragen. Die autogerechte Stadt wurde propagiert, Fußgänger und öffentliche Verkehrsmittel standen dieser Planung hinderlich im Wege. Unterirdische Wege für den (Straßen-) Bahnverkehr mußten her, und das Konzept der Stadtbahn Rhein-Ruhr war das ein Ergebnis dieser Entwicklung. Ausgehend von den Bevölkerungsprognosen dieser Zeit mußten leistungsfähige Verkehrsadern entstehen, um auch zukünftig der sich weiter verschärfenden Problemsituation gerecht zu werden.

Ausgehend von dem an die Grenzen gelangten Individualverkehr wurde nun die Stärkung des Öffentlichen Personennahverkehrs (ÖPNV) und des Schienenpersonennahverkehrs (SPNV) vorangetrieben. Ebenfalls wurde auf den Ausbau der S-Bahn gesetzt.

Mit der Gründung des Verkehrsverbundes Rhein-Ruhr (VRR) wurde im Jahre 1980 sowohl seitens der Gebietskörperschaften als auch von seiten der Verkehrsunternehmen auf großflächiger Ebene mit Gesamtverkehrskonzepten auf die Verkehrsprobleme reagiert. Mit dem Verkehrsangebot von 24 kommunalen Verkehrsunternehmen, der Deutschen Bahn AG und zwei weiteren Anbietern im Schienenverkehr wird nun die Mobilität von rund 7,3 Mio. Menschen an Rhein und Ruhr sichergestellt. In den 1990er Jahren konnten die Fahrgastzahlen des VRR um ca. 30 % gesteigert werden. Allein schon die Zahl von 4 Mio. Fahrgästen pro Tag unterstreicht die heutige Bedeutung des öffentlichen Verkehrs für die Ruhrregion.

Die neuen rechtlichen Rahmenbedingungen im öffentlichen Personennahverkehr (ÖPNV) und die Ausschreibung von Verkehrsleistungen soll auch im Ruhrgebiet dazu beitragen, die Kosten für den Nahverkehr zu senken und unter Festlegung bestimmter Qualitätsstandards zu einem attraktiveren Angebot zu gelangen.

Heute ist die Verkehrsproblematik im Ruhrgebiet so stark wie in vielen anderen Ballungsgebieten ausgeprägt. Im Gegensatz zu monozentralen Agglomerationsräumen kennzeichnet das Ruhrgebiet mit seiner großen Anzahl von Mittel- und Oberzentren eine polyzentrische Struktur, die sich stark auf den Verkehr auswirkt und die zu einer dispersen Verkehrsstruktur führt. Der Verkehr ist nicht auf ein einzelnes Zentrum ausgerichtet, wie beispielsweise in Hamburg oder München, sondern muß zahlreiche Oberzentren und unzählige Mittel- und Grundzentren erreichen und bedienen.

Das hervorragend ausgebaute Verkehrsnetz war Ursache dafür, daß sich in den vergangenen Jahren zahlreiche neue Betriebe im Ruhrgebiet angesiedelt haben. Gerade im Bereich der Dienstleistungen und Technologie überzeugten sich zahlreiche Unternehmen von der vorhandenen Verkehrsinfrastruktur. Vor dem Hintergrund des Zusammenwachsens Europas und dem zukünftigen Wettbewerb der Regionen untereinander wird die verkehrliche Infrastruktur zu einem herausragenden Standortvorteil. Die Herausforderung der Zukunft wird zweifellos darin bestehen, den prognostizierten Mehrverkehr umwelt- und stadtverträglich zu gestalten.

❶ *H-Bahn Dortmund*
1984 wurde mit der Dortmunder H-Bahn (= Hoch-Bahn) die erste Anlage dieser Art in Deutschland in Betrieb genommen. Die 1,8 km lange Strecke auf dem Universitätscampus verbindet die unterschiedlichen und räumlich voneinander getrennten Hochschuleinrichtungen miteinander. Bei der H-Bahn handelt es sich um eine vollautomatische und fahrerlose Kabinenbahn. Die Technologie des Siemens People Movers soll in den nächsten Jahren noch verbessert werden. Erweiterungen der Bahn sind zum Technologiepark Dortmund und zu einem Verknüpfungspunkt mit dem Nahverkehr vorgesehen. Nach den positiven Betriebserfahrungen in Dortmund wird eine ähnliche Anlage nun auf dem Flughafen Düsseldorf gebaut. Dort soll die H-Bahn die Abfertigungsgebäude an den neuen Fernbahnhof der Deutschen Bahn anbinden.

❷ *Hauptbahnhof Dortmund*
1999 wurden 13 frisch renovierte Bahnstationen entlang der Köln-Mindener-Eisenbahn eröffnet. Zwischen Oberhausen und Hamm wurde die älteste Bahnstrecke des Ruhrgebiets im Rahmen der Internationalen Bauausstellung IBA Emscher Park wiederbelebt.

Weitere Bahnhofserneuerungen sind im Rahmen der Projekte 21 für die nächsten Jahre vorgesehen. Besondere Bedeutung kommt hierbei dem Hauptbahnhof Dortmund zu, der ausgebaut und erweitert werden soll. Das neue Bahnhofsgebäude soll zukünftig nicht nur den Verkehrsknotenpunkt mit Fern-, Regional- und Stadtverkehr beheimaten, sondern darüberhinaus die Funktion eines Shoppingcenters übernehmen. Der neue Komplex, der bereits den Spitznamen "Ufo" erhalten hat, wird die Entwicklung des Verkehrs und der Dortmunder Innenstadt entscheidend beeinflussen. Erhebliche Bedeutung wird die Kombination aus Bahnhof, Einzelhandel und Unterhaltungsangeboten erbringen. Die geplanten 3 800 Parkplätze stehen allerdings in einem Spannungsfeld zum zukünftig aufgewerteten Bahnknotenpunkt.

❸ *Städtischer Nahverkehr am Beispiel Dortmund*
Dem zunehmenden Verkehrsbedürfnis der Bevölkerung sollte bereits in den 1960er Jahren mit leistungsfähigen Lösungen entsprochen werden. Ausgehend von einem erheblichen Bevölkerungswachstum wurde die Forderung nach einer U-Bahn laut. Mit der Gründung der Stadtbahn-Gesellschaft wurden konkrete Planungen vorangetrieben. Der Ansatz zur Linderung des Problems war eine Kompromißlösung aus Untergrundbahn und Straßenbahn: die Stadtbahn. Die Streckenführung in innerstädtischen Bereichen sollte unterirdisch realisiert

werden, in den Außenbereichen waren oberirdische, jedoch vom Individualverkehr getrennte, Trassen vorgesehen.

Nachdem spätestens Mitte der 1980er Jahre deutlich wurde, daß sich die Bevölkerungsprognosen der 1960er Jahre nicht einstellen würden, waren die Stadtbahnvorhaben in den Ruhrgebietsstädten teilweise realisiert.

Aufgrund der aktuellen Bevölkerungsentwicklung und der angespannten finanziellen Haushaltssituation der Städte wurden die Stadtbahnprojekte einer erneuten Bewertung unterzogen. Von den ehrgeizigen Vorhaben der vergangenen Jahrzehnte ist man abgerückt.

Halbfertige Verkehrssysteme bestimmen nun das Bild in den Ruhrgebietsstädten. Während ein Teil des öffentlichen Verkehrs nach wie vor oberirdisch abgewickelt wird, existieren unterirdische Teilnetze, die gegenüber den Fahrgästen ein uneinheitliches Angebot offerieren.

❹ *Flughafen Dortmund*
Die rapide steigende Zahl von Fluggästen macht weltweit zusätzliche Kapazitäten auf den Flughäfen erforderlich. Diese aktuelle Entwicklung betrifft nicht nur die großen internationalen Flughäfen, wie Frankfurt/M., München und Düsseldorf, sondern zunehmend auch die kleinen Airports. Eine besondere Bedeutung kommt hierbei in den vergangenen Jahren den Regionalflugplätzen zu.

Im Ruhrgebiet ist der Flughafen Dortmund-Wickede hervorzuheben. Unter den bundesdeutschen Regionalairports nimmt er bereits seit fünf Jahren die Spitzenposition ein. Im neuen Jahrtausend gehen die Prognosen von jährlich mehr als einer Mio. Fluggästen aus. Inzwischen hat sich der Flughafen Dortmund für viele Fluggäste, ob im Linien- oder Charterbereich, zu einer echten Alternative zum Düsseldorfer Flughafen entwickelt. Von Dortmund aus sind alle wichtigen europäischen Ziele zu erreichen. Ergänzt wird der Flugplan durch zahlreiche Charterverbindungen, vorrangig in die südeuropäischen Ferienregionen.

Exkursion 9

Landwirtschaft am Großstadtrand

I. Gertz-Rotermund und C. Rosemann

Exkursionsroute (eintägige Bus- oder Autoexkursion, ca. 70 km):
(Universität Duisburg – Duisburg Hbf. –) Duisburg-Baerl – Eversael – Duisburg-Baerl

Exkursionsinhalt:
Am Beispiel eines Milchviehbetriebes und eines Ackerbaubetriebes mit Direktvermarktung sollen die Entwicklungschancen und -risiken der landwirtschaftlichen Produktion aufgezeigt werden, die durch die Verbrauchernähe am Großstadtrand einerseits zusätzliche Einkommensquellen (z. B. Direktvermarktung, Pensionspferdehaltung und Umnutzung landwirtschaftlicher Gebäude für Freizeitangebote) bietet, andererseits aber auch Begrenzungen der Produktionserweiterung (z.B. durch konkurrierende Flächennutzung und Auflagen bei Stallbauten) zur Folge hat.

**Foto 21:
Weidende Kühe am Rheindamm**

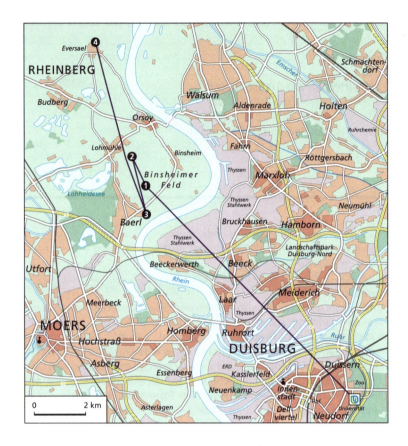

Im Übergang vom Ballungsgebiet Ruhrgebiet zu dem mehr ländlich strukturierten Bereich des Niederrheins werden bei einer Befahrung die vielfältigen strukturellen Anpassungsprobleme dieser Region deutlich. Die enge räumliche Verbindung zu Stahlindustrie und Bergbau ist nach wie vor spürbar. Im fließenden Übergang zeigt sich ein attraktives Landschaftsbild, das durch Grünlandwirtschaft und Ackerbau sowie durch die beginnende Niederrheinlandschaft geprägt wird. Diese Gegend hat eine große Bedeutung für die Naherholung der Duisburger Bevölkerung und der umliegenden Städte, wie z. B. Moers und Rheinberg. Gleichzeitig ist das Binsheimer Feld ein bedeutendes Wasserschutzgebiet.

❶ *Wasserschutzgebiet "Binsheimer Feld"*
Der erste Exkursionsstandort liegt im Dreieck der Straßen "Sardmannsbruchweg", "Milchpfad" und "Giesenkirchweg" im Binsheimer

Feld zwischen Baerl und Binsheim. Das etwa 10 km² große Wasserschutzgebiet im südlichen Orsoyer Rheinbogen zwischen den Städten Rheinberg und Duisburg ist Teil des niederrheinischen Tieflandes. Seit über 30 Jahren wird im Binsheimer Feld Steinkohle abgebaut. Die untertägige Gewinnung hat im Verlauf der Jahre zu einem enormen Masseverlust des Gebirgskörpers geführt. Oberflächlich zeigt sich das in einer Geländeabsenkung des gesamten Gebietes von bis zu 10,50 m. Der Senkungsschwerpunkt südlich von Binsheim liegt heute bereits 4,00 m unterhalb des langjährigen Rheinwasserstandes. Zur Flurabstandsregulierung des durch die Absenkung eindringenden Polderwassers sind daher umfangreiche Pumpmaßnahmen zur Trockenhaltung notwendig. Das anfallende Wasser wird teils wieder zurück in die umliegenden Gräben, Baggerlöcher und in den Rhein gepumpt.

❷ *Wasserwerk Binsheim ("Am Viehsteg")*
Das in anderen Gebieten des Niederrheins vorhandene Problem zu hoher Nitratwerte im Trinkwasser führte zu Überlegungen, diese große nitratarme Wassermenge von guter Qualität als Trinkwasser zu verwenden. Mit der Gründung des Wasserverbundes Niederrhein (WVN) im Jahre 1984 wurden diese Überlegungen realisiert. Ein Teil des Wassers wird heute zur Trinkwasserversorgung der umliegenden Städte und Industriebetriebe genutzt. Mit Wirkung vom 15.8.1996 wurde das Binsheimer Feld zum Wasserschutzgebiet für Trinkwasse erklärt.

Um die gute Wasserqualität langfristig vor negativen Einträgen von außen, z. B. durch Nitrat und Pflanzenschutzmittel, zu sichern, wurde im April 1997 eine Kooperationsvereinbarung zwischen Landwirtschaft und Wasserwirtschaft unterzeichnet. Zweck der Kooperation ist der vorbeugende Gewässerschutz durch die Landwirtschaft. Alle 42 Landwirte, deren Betriebe im WSG liegen, haben die Vereinbarung unterschrieben.

Auf der Basis umfangreicher Bodenproben entstanden Empfehlungen zur Gestaltung der Fruchtfolge, der Bodenbearbeitung und zur Auswahl von Pflanzenschutzmitteln und Dünger. Mit von der Landwirtschaftskammer Rheinland entwickelten Computerprogrammen können Düngungsempfehlungen per Notebook direkt auf dem Acker ausgedruckt werden. 1999 wurden neue Anbauverfahren für einen grundwasserschonenden Gemüseanbau entwickelt und in der Praxis auf ihre Tauglichkeit überprüft. Die Arbeit der Wasserschutzkooperationen wurde 1997 mit Zuschüssen des Landes Nordrhein-Westfalen, zum Beispiel für die Umrüstung von Pflanzenschutzspritzen oder Geräten für die exakte Gülleverteilung, mit Mitteln in einer Gesamthöhe von fast 3 Mio. DM unterstützt.

In den Regierungsbezirken Köln und Düsseldorf gibt es 71 Wasserschutzkooperationen mit einer Gesamtfläche von 218 834 ha.

Knapp 3 500 Landwirte haben sich in unserem Exkursionsgebiet in einer dieser Kooperationen zusammengeschlossen, um unter Anleitung eines der 18 von der Wasserwirtschaft finanzierten Spezialberater der Landwirtschaftskammer Rheinland ihre Anbaumethoden so weiterzuentwickeln, daß ein optimaler Schutz des Grund- und Talsperrenwassers erreicht wird.

❸ *Landwirtschaftlicher Betrieb mit Milchviehhaltung, Wiesenweg 12, Rheinberg-Eversael*

Dieser landwirtschaftliche Betrieb hat seinen Produktionsschwerpunkt in der Milchviehhaltung mit Nachzucht. Es ist ein Aussiedlungsbetrieb, der aufgrund zunehmender Wohnbebauung seinen Standort aus dem Dorf "ins freie Feld" verlagert hat. Ausschlaggebend war, daß durch die Lage mitten im Dorf keine Entwicklungsmöglichkeiten, z. B. für einen Stallneubau, mehr bestanden.

Die begrenzenden Faktoren am heutigen Standort ergaben sich durch bau- und immisonsschutzrechtliche Auflagen. Ein Teil der Betriebsflächen liegt in einem Gebiet, das in den Wintermonaten als Wildgänserastplatz "fremdgenutzt" wird. Hierin zeigt sich nur ein Problem aus dem Spannungsfeld zwischen landwirtschaftlicher Flächennutzung und den Anforderungen des Naturschutzes.

Bei einem Betriebsrundgang (Anmeldung erforderlich) werden die betrieblichen Arbeitsabläufe in einem Boxenlaufstall mit Weidegang sowie die produktionstechnischen Anforderungen an eine qualifizierte Milchproduktion deutlich.

❹ *Landwirtschaftlicher Betrieb mit Direktvermarktung, Steinchenstraße 7, Duisburg-Baerl*

Dieser Betrieb liegt mit seinen Flächen im Wasserschutzgebiet des Binsheimer Feldes. Bei einem Betriebsrundgang (Anmeldung erforderlich) und einer Feld- und Deichbegehung werden die Anforderungen an einen Ackerbaubetrieb, der nach den Richtlinien des Integrierten Pflanzenanbaus wirtschaftet, deutlich.

Die wirtschaftliche Situation zwingt viele landwirtschaftliche Betriebe zur Suche nach zusätzlichen Einkommensmöglichkeiten. Für diesen Betrieb bot sich dank der Verbrauchernähe der Aufbau einer Direktvermarktung und die Umnutzung von Gebäuden für Freizeitangebote an. Neben den rechtlichen Auflagen zur Direktvermarktung wird als Zusatzleistung auch eine Hofgestaltung erwartet, die das Einkaufen auf dem Bauernhof zu einem "Erlebnis" werden läßt.

Für den Verbraucher steht nicht nur die Versorgung mit Lebensmitteln aus bäuerlicher Produktion im Vordergrund, sondern auch der persönliche Kontakt zur Landwirtsfamilie, um der zunehmenden Verunsicherung gegenüber der Lebensmittelqualität entgegenzuwirken. Der Betrieb hat für die eigene Vermarktung einen Gemüseanbau mit vielfältigen Gemüsesorten aufgebaut und eine Freilandhaltung für Legehennen.

Um die Wirtschaftlichkeit einer Direktvermarktung langfristig zu sichern, ist u. a. eine umfangreiche Produktpalette notwendig. Damit ganzjährig ein attraktives Angebot für die Kunden zu Verfügung steht, spielt zunehmend der Aspekt "Zukauf von Produkten" eine große Rolle. Hieraus ergeben sich für viele Betriebe Konflikte in ihrem Verständnis als Direktvermarkter.

Weitere Informationen sind zu bekommen bei der Landwirtschaftskammer Rheinland, Kreisstelle Wesel, Stralsunder Str. 23 – 25, 46483 Wesel; Internet: http://www.landwirtschaftskammer.de

Exkursion 10

Internationale Bauausstellung (IBA) Emscher Park: Einzelprojekte im westlichen Ruhrgebiet

A. Köllner

Exkursionsroute (eintägige Bus- oder Autoexkursion, ca. 40 km); alle Exkursionspunkte auch mit öffentlichen Verkehrsmitteln erreichbar:
(Universität Duisburg – Duisburg Hbf. –) Duisburg Innenhafen – Landschaftspark Duisburg-Nord – Taunusstraße, Hagenshof (Duisburg) – Haus Ripshorst (Oberhausen) – Zeche Zollverein (Essen) – Siedlung Welheim (Bottrop) – Haldenereignis Emscherblick (Bottrop)

Exkursionsinhalt:
Projekte der IBA-Emscher Park und ihre Entwicklung nach Beendigung der Bauausstellung

Foto 22: Nächtlich illuminierte Industrieanlagen des Landschaftsparks Duisburg-Nord

Die Internationale Bauausstellung Emscher Park umfaßte einen Planungsraum mit einer Gesamtfläche von 784 km² im nördlichen Ruhrgebiet zwischen den Autobahnen A 2 und A 40. Die westliche Grenze bildet der Rhein, die östliche die A 1 zwischen Dortmund und Unna. Der dicht besiedelte Raum hat ca. 2 Mio. Einwohner und ist trotz des wirtschaftlichen Strukturwandels noch immer durch die Schwerindustrie und ihre Auswirkungen geprägt. Besonders drastisch lassen sich die Folgen der industriellen Erschließung des Emscher-Tieflandes am Zustand des Flusses beschreiben, der in einen offenen Abwasserkanal umfunktioniert und zumeist als Kloake des Ruhrgebiets bezeichnet wurde (und wird). Gleichzeitig bietet die Emscher-Region aber vieles im Übermaß: Verkehrsstrassen von Straße und Schiene, betriebene und stillgelegte Berg-, Hütten- und Stahlwerke, Kanäle und Leitungstrassen, Wohnsiedlungen und einiges mehr. Selbst Grünflächen nehmen 43 % der Fläche des Planungsraumes ein, sind aber durch linienhafte Infrastrukturen zerschnitten und zerstückelt, für Anwohner oft unerreichbar. Arbeit und Lebensqualität gibt es im nördlichen Ruhrgebiet zu wenig. Das Ziel der IBA war daher die ökologische und ökonomische Erneuerung der gesamten Region.

❶ *Innenhafen Duisburg* (vgl. Exkursion 1, Standort 2 und Exkursion 2 Standorte 7 und 8)

Der Innenhafen von Duisburg war lange Zeit Standort zahlreicher Getreidespeicher, die ihre Funktion oftmals schon seit Jahrzehnten verloren. Aus dem "Brotkorb des Ruhrgebiets" war bis in das letzte

Jahrzehnt hinein eine dunkle Adresse geworden. Eingebettet in die IBA und auf der Grundlage eines vom britischen Architekten Sir Norman Foster entworfenen Masterplanes wurde seit 1993 mit der Umstrukturierung des 89 ha umfassenden Geländes begonnen. Aufbauend auf die bestehende restaurierte Speicherzeile entsteht ein multifunktionaler Dienstleistungspark am Wasser, der die Aspekte "Arbeit, Wohnen, Kultur und Freizeit" verbindet. Neu geschaffene Grachten ermöglichen auch dort das Wohnen am Wasser, wo die mächtige Speicherzeile den Blick auf den Innenhafen verstellt. Ergänzt wurde das Projekt durch einen Altstadtpark, den der Bildhauer Dani Karavan aus der Abrißgeschichte des Gewerbegeländes als Gesamtskulptur schuf. Derzeit entwickelt sich der Dienstleistungspark zu einer vorzeigbaren Adresse Duisburgs und zu einem bedeutenden Standortfaktor der Region.

❷ *Landschaftspark Duisburg-Nord* (vgl. Exkursion 3 Standort 4 und Exkursion 18)
Der Landschaftspark Duisburg-Nord liegt im Schnittpunkt mehrerer Stadtteile Duisburgs und besteht aus einer Fläche von 200 ha, die vormalig schwerindustriell genutzt und sukzessive bis 1993 stillgelegt wurde. Einige Jahre brachliegend, gelang es 1991, das Gelände in die IBA einzubeziehen und zum innerstädtischen Landschaftspark zu entwickeln. Auf der Grundlage des Entwurfes eines Architektenkollektivs um den Landschaftsarchitekten Peter Latz entsteht seit 1993 der mittlerweile über die Landesgrenzen hinaus bekannte Park. Von allen herkömmlichen Grünflächen unterscheidet er sich allein schon deshalb, weil er seine industrielle Vergangenheit nicht verschweigt. So blieben die industrielle Anlagen des Hüttenwerkes erhalten und sind zum nächtlich illuminierten, unverwechselbaren Markenzeichen Duisburgs geworden. Auch durch Film und Fernsehen bekannt, ist der Landschaftspark derzeit einer der bedeutenden kulturellen Veranstaltungsorte Duisburgs.

❸ *Selbstbausiedlung an der Duisburger Taunusstraße am Hagenshof*
Etwa 25 Projekte der IBA befaßten sich mit Wohnungsbau. Als Beitrag und Impuls zur sozialen Erneuerung sind besonders die Projekte "einfach und selber bauen" gedacht, die auch Haushalten mit geringem Einkommen die Möglichkeit des Eigenheimbaus schaffen. Ein Beispiel hierfür ist die zwischen den Jahren 1994 und 1996 entstandene Selbstbausiedlung an der Taunusstraße am Hagenshof in Duisburg, wo "Projektfamilien" den Baupreis durch ihre eigene "Muskelhypothek" wirkungsvoll senken konnten. Auch die den Hausbau begleitenden Nachbarschaftshilfen sollten Impulse für ein

neues zwischenmenschliches Verhältnis der Bewohner geben.

❹ *Bauernhof Haus Ripshorst, Oberhausen*
Die Emscher bildet das Rückgrat des neuen Landschaftsparks. Die bereits durch den Siedlungsverband Ruhrkohlenbezirk vor etwa 80 Jahren entwickelten und später vernachlässigten "Regionalen Grünzüge" A bis G wurden durch die IBA wiederbelebt. Um die voneinander getrennten Nord-Süd-Grünzüge zu einem zusammenhängenden Parksystem zu verschneiden, bedurfte es einer verbindenden Ost-West-Achse. Den notwendigen Raum bot nur der Emscherverlauf, der während der kommenden Jahrzehnte ökologisch erneuert wird. Am Schnittpunkt des Regionalen Grünzugs B mit der Emscher befindet sich der ehemalige Bauernhof Haus Ripshorst, ein 40 ha umfassendes Areal vorindustrieller Kulturlandschaft. Gerade hier bietet sich ein guter Blick auf den "Abwasserkanal Emscher" und die zukünftige Revitalisierung seiner Zuläufe. Gleichzeitig entstand nach den Plänen der Landschaftsarchitekten Lohaus und Diekmann ein Park, der die Entwicklungsgeschichte der Bäume thematisiert. Der von Wiesen umgebene Bauernhof wurde durch den Kommunalverband Ruhrgebiet zum Informationszentrum des neuen Emscher-Landschaftsparks umgebaut.

❺ *Zeche Zollverein Schacht XII, Essen* (vgl. Exkursion 6, Standort 12)
Die Zeche Zollverein Schacht XII in Essen-Katernberg ist weithin bekannt und gilt vielen als das schönste Zechenbauwerk des Ruhrgebiets. Entworfen von den Industriearchitekten Fritz Schupp und Martin Kremmer entstand zwischen 1928 und 1932 eine komplette Schachtanlage in der Formensprache des Bauhauses. Zusammen mit der angrenzenden Kokerei Zollverein zählt das Areal heute durch die Dimension und Vollständigkeit seiner Anlagen zu den bedeutendsten Zeugnissen europäischer Industriegeschichte und erfährt weltweite Beachtung. So wurde die Aufnahme von Zeche und Kokerei in die Liste des Weltkulturerbes der UNESCO beantragt. Gleichzeitig ist Zollverein aber auch ein Ort der Zukunft. Das Design-Zentrum NRW zog 1997 in das Kesselhaus ein, und Kultur und Kunstveranstaltungen prägen bislang die neue Nutzung. Seit 1999 wird auch wieder produziert: Solarstromanlagen auf dem "Dach" der ehemaligen Koksofenbatterie kennzeichnen den Zeitenwandel zwischen der Ausbeutung fossiler Energieträger und regenerativer Energien.

❻ *Siedlung Welheim, Bottrop* (vgl. Exkursion 5, Standort 3)
Für das Ruhrgebiet so typisch wie Zechen und Hüttenwerke sind Arbeitersiedlungen, die aus der Sicht des heutigen Wohnungsbaus

über besondere Qualitäten verfügen. Weil diese oftmals noch unmodern und über Jahrzehnte von Wohnungsbaugesellschaften vernachlässigt waren, bestand ein Ziel der IBA darin, die konsequente Erhaltung und Renovierung ingangzubringen. Ein gutes Beispiel dafür ist die Siedlung Welheim in Bottrop, eine der schönsten und mit etwa 1 150 Wohnungen größten Arbeitersiedlungen des Ruhrgebiets. Von 1913 bis 1923 nach dem Vorbild englischer Gartenstädte für die Bergleute der Zeche Welheim angelegt, steht die Siedlung heute unter Denkmalschutz und wird seit 1988/89 schrittweise denkmalgerecht erneuert.

❼ *Halde Beckstraße, Bottrop* (vgl. Exkursion 5 Standort 12)
Zur Lebensqualität zählen nicht nur Arbeiten und Wohnen, sondern auch die kulturelle und räumliche Identität jenseits lokaler Fußballvereine. Die Industrie des Emschergebietes schuf ihrerseits unbeabsichtigt Markenzeichen und Orientierungspunkte im ungegliederten und eng verzahnten "Siedlungsbrei". Durch die IBA treffend als Landmarken bezeichnet, gibt es zahlreiche Bauwerke und Halden, die die umgebende Infrastruktur überragen und Orientierung vermitteln, wie beispielsweise der Gasometer in Oberhausen oder die Schornsteingalerie der Kokerei Zollverein, Essen. Als Weiterentwicklung dieses Aspektes gelten die neuen und zumeist künstlerischen Installationen, die im Zuge der IBA mittlerweile zahlreiche Halden des Ruhrgebietes krönen. Besonders spektakulär ist nicht nur wegen seines Ausblicks der Tetraeder auf der Halde Beckstraße in Bottrop. Die begehbare, 50 m hohe Stahlkonstruktion ist ein Entwurf des Architekten Wolfgang Christ und verdeutlicht treffend die Künstlichkeit der sie umgebenden Landschaft.

Das Ruhrgebiet mit seinen Verflechtungen im Umland

Exkursion 11

Landwirtschaftlicher Strukturwandel im Westmünsterland im Spannungsfeld zwischen Ökologie und Ökonomie

J. Farwick und W. Mittag

Exkursionsroute (eintägige Bus- oder Autoexkursion, ca. 180 km, davon 40 km Anfahrt von Duisburg):
(Universität Duisburg – Duisburg Hbf. –) Dorsten – Lembeck – Raesfeld – Borken und zurück

Exkursionsinhalt:
Merkmale, Probleme und Tendenzen der Entwicklung der Landwirtschaft im Westmünsterland am Beispiel von vier typischen Betrieben. Vorgestellt werden ein Betrieb, der stark gewachsen ist, ein Betrieb im Übergang zum Nebenerwerb, ein Hof mit Direktvermarktung und Bauerncafé sowie ein ökologisch bewirtschafteter Betrieb.

Foto 23:
Gülleausbringung im Schlepperschlauchverfahren

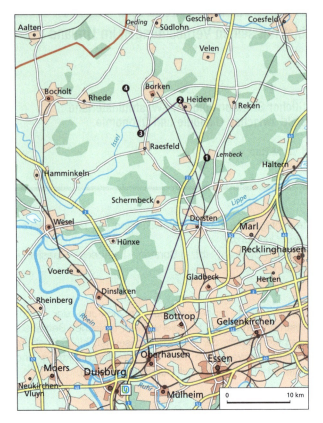

Lage und natürliche Voraussetzungen

Das Westmünsterland umfaßt den westlichen Teil der Westfälischen Tieflandsbucht. Der Landschaftsname ist einerseits eine Lagebezeichnung, andererseits geht er auf ein historisches Territorium zurück. Begrenzt wird das Westmünsterland im Osten durch das Kernmünsterland, im Südwesten durch das Niederrheinische Tiefland, im Süden durch die Lippe und im Norden durch die Dümmer-Geest-Niederung. Die Grenze im Nordwesten ist identisch mit der Grenze zu den Niederlanden, die sich im Laufe des 17. und 18. Jahrhunderts von einer Territorialgrenze zu einer Staatsgrenze entwickelte. Zum Westmünsterland gehören weite Teile der Kreise Borken, Coesfeld und Steinfurt sowie der nördliche Teil des Kreises Recklinghausen.

Die Landschaft ist sanft gewellt mit Höhen zwischen 30 m und 80 m NN. Das Gebiet gehört zum Nordwestdeutschen Klimabereich und wird überwiegend von maritimen Luftmassen beeinflußt. Die

Niederschläge liegen bei 700 bis 800 mm im Jahr mit einem Maximum im Sommer. Die Temperaturen sind ausgeglichen (Tagesmittel im Januar 1 – 2°C, Juli 18 – 20°C). Mitte April bis Mitte Oktober gelten als frostfrei (ca. 180 Tage).

Geologisch gehört der größte Teil des Westmünsterlandes zum Münsterländer Oberkreidebecken, das westlich der Linie Vreden – Borken in das Holländische Tertiärbecken übergeht. Kreideformationen und saaleeiszeitliche Geschiebelehme durchbrechen die weitläufigen Flugsandflächen. Dominant sind sandige und sandlehmige Bodenarten sowie kleinere Moore. Es handelt sich meist um tiefgründige und nährstoffarme Sandböden, die unterschiedlich stark podsoliert sind und verschiedene Übergangsformen zum Gley aufweisen (Bodenwertzahlen zwischen 15 und 35). Daneben finden sich nährstoffreichere Lehm-, Ton- und Kalkböden, die sich vorwiegend zu Parabraunerde, Braunerde und Pseudogley entwickelt haben (Bodenwertzahlen zwischen 35 und 60). Der Raum ist stark landwirtschaftlich geprägt. Seine relative Waldarmut (14,9 % Wald, NRW 27 %) ist wegen der Vielzahl von kleinen Wäldern, Gehölzen und Wallhecken, die sich im Wechsel mit Acker- und Weideflächen zu einer Parklandschaft gruppieren, nicht so augenfällig.

Entwicklung und Struktur der Landwirtschaft
Die Entwicklung der Landwirtschaft in diesem Gebiet war zunächst durch die Heide- und Moorkultivierung geprägt. Seit 1950 wurden zahlreiche Flurbereinigungsverfahren durchgeführt, die die Nutzungsmöglichkeiten und Ertragssicherheit der landwirtschaftlichen Betriebe durch umfangreiche Entwässerungsmaßnahmen und den Ausbau des Wirtschaftswegenetzes verbesserten. Anfang der 1970er Jahre wurde der Maisanbau eingeführt. Mais wächst gut auf den Sandböden, ist leicht mit Maschinen zu ernten und ergibt ein gutes Grundfutter für Schweine und Rinder. So entwickelte sich zunehmend eine marktorientierte Veredlungswirtschaft (Milchvieh, Rindermast, Schweinezucht, Schweinemast). Die vorherrschenden Einzelhoflagen erleichterten dabei den Ausbau der Stallungen. Die gute Verkehrslage zu den Nordseehäfen ermöglichte zudem einen preiswerten Futtermittelimport, die Nähe zum Ruhrgebiet und zu den Städten des Rheinlandes war ein Vorteil bei der Vermarktung.

Im Kreis Borken gab es nach der amtlichen Statistik 1998 4 710 landwirtschaftliche Betriebe mit einer landwirtschaftlichen Nutzfläche von mehr als 1 ha. Ihre Zahl hat seit 1985 um etwa 1 000 abgenommen. Für die landwirtschaftliche Produktion bedeutsam sind die Betriebe ab 5 ha landwirtschaftliche Nutzfläche (LF). Ihre Zahl verringerte sich in den letzten 13 Jahren von 4 530 auf 3 360. Das entspricht einer Abnahme von 26 %. In Westfalen-Lippe betrug im selben Zeitraum der Rückgang der Betriebszahl 27,5 %. Dieser Rückgang vollzog sich im Kreis Borken vor allem in den Betriebsgrößen bis 20 ha und in den letzten Jahren auch verstärkt in der Größenordnung 20 – 30 ha. Wenig Bedeutung haben Betriebe mit über 100 ha LF. Sie machen im Kreis Borken 0,6 % und in Westfalen-Lippe 2,5 % aller Betriebe über 5 ha aus. Die LF dieser Betriebe beträgt im Kreis Borken 2,7 % und in Westfalen-Lippe 11 % der gesamten LF.

Die landwirtschaftlichen Betriebe des Kreises bewirtschafteten 1996 93 182 ha. Die Flächennutzung hat sich in den vergangenen 20 Jahren erheblich zu Gunsten der Ackernutzung und zu Lasten des Grünlandes verschoben, wenn auch in den letzten Jahren der Rückgang des Grünlandanteiles geringer wurde. Ökonomische Bedingungen verursachten ebenfalls Veränderungen im Anbau auf dem Ackerland. Hauptfrucht auf 50 % der Ackerfläche ist der Mais, der weniger ertragreiche Früchte wie Gerste oder Hafer ersetzt hat. Zugenommen hat in den letzten Jahren auch wieder der Anbau von Kartoffeln, Gemüse, Raps auf Stillegungsflächen sowie Roggen bzw. Triticale. Auch hierfür sind agrarpolitische und ökonomische Gründe ausschlaggebend.

Wichtigstes Standbein der Landwirtschaft im Kreis Borken ist die Viehhaltung. Bei 9,1 % der Fläche von Westfalen-Lippe und 6 % der Fläche von NRW werden im Kreis 16,6 % der Kühe von Westfalen-Lippe und fast 10 % aller Kühe von NRW gehalten. Die entsprechenden Zahlen für die Bullenmast betragen 19,7 % bzw. 16 % und für die Schweinehaltung 13 % bzw. 11,5 %. Die Viehzahlen sind in den letzten 15 Jahren konstant geblieben, allerdings hat eine erhebliche Konzentration stattgefunden. Der Nutzviehbesatz lag 1998 bei Umrechnung in Großvieheinheiten (1 GV = z. B. 1 Kuh oder 3 Zuchtsauen) mit 2,5 GV an der Spitze aller Regionen in NRW (NRW 1,3 GV, vgl. Tabelle 7). Die Konzentration der Tierzahlen hat einige ökologische Probleme hervorgerufen. Hier ist zunächst die Geruchsbelästigung durch das Ausbringen der Gülle zu nennen. Neuere Ausbringungstechniken wie das Schleppschlauchverfahren (s. Foto 23) bringen eine deutliche Verbesserung.

Begrenzender Faktor für das Wachstum der Betriebe ist die geringe Flächenausstattung, die eine Ausweitung der Tierhaltung aufgrund des damit verbundenen Gülleanfalls unmöglich macht. Ein Bündel von Maßnahmen soll eine umweltverträgliche Landwirtschaft ermöglichen (Gülleerlaß, Güllebörse, um einen Austausch zwischen viehstarken und viehschwachen Betrieben zu erreichen). Einige wenige Betriebe in der Region arbeiten alternativ ökologisch.

	Einheit	Kreis Borken	Westfalen–Lippe	NRW	Deutschland
Ø LF je Betrieb (ab 5 ha)	ha	26,1	30,8	33,0	43,2
Ackeranteil an der LF	%	73,2	72,5	70,3	68,2
Ackerfutter inkl. Silomais	% der AF	39,4	16,6	15,8	15,5
Kühe je 100 ha LF	Stück	49	27	30	30
Ø Kuhbestand je Betrieb	Stück	25,5	22,8	26,5	28
Rinder je 100 ha LF	Stück	235	113	110	91
Ø Rinderbestand je Betrieb	Stück	73	49	52	55
Sauen je 100 ha LF	Stück	75	44	34	15
Ø Sauenbestand	Stück	53	45	47	39
Schweine je 100 ha LF	Stück	729	503	373	140
Ø Schweinebestand	Stück	259	222	218	117

Tab. 7: **Agrarstrukturen des Westmünsterlandes (Kreis Borken) im Vergleich mit übergeordneten Regionen 1996**
Quelle: Landesamt für Datenverarbeitung und Statistik NRW

❶ *Veredlungsbetrieb, Rhader Str. 122, Dorsten-Lembeck*
Dieser Betrieb ist seit Generationen in Familienbesitz. Die Stammhofstelle befindet sich in der Feldflur, etwa 2 km von Lembeck entfernt. Die Betriebsflächen des Stammhofes sind arrondiert (Flurbereinigung vor ca. 30 Jahren). Der Betrieb umfaßt heute eine Betriebsfläche von 147,75 ha. Die Eigentumsfläche beträgt 25,75 ha. Von den 130 ha Ackerland werden fast 80 ha mit Mais, 10 ha mit Speisekartoffeln und 35 ha mit Getreide bebaut. Der Rest ist Stillegungsfläche. An Vieh werden 90 Milchkühe, 100 Stück Jungvieh, 300 Mastbullen sowie 800 Mastschweine gehalten. Der Betriebsleiter, sein Sohn, 2 Auszubildende sowie Aushilfskräfte für 1 000 Stunden (gesamt ca. 3,5 AK) teilen sich die Arbeit auf dem Betrieb.

Die heutige Betriebsentwicklung mit der Anpassung an die Bedingungen der europäischen Landwirtschaft begann um 1974 nach der Betriebsübernahme durch den jetzigen Betriebsleiter mit dem Bau eines Schweinemaststalles, der zur Ausdehnung und Technisierung der Schweineproduktion führte. Weitere Ausdehnungs- und Rationalisierungsmaßnahmen folgten Anfang der 1980er Jahre. Mitte der 1980er Jahre investierte der Betriebsleiter in die Aufstockung der Milchviehhaltung und der Quote auf 40 Kühe. Ein Boxenlaufstall wurde dann 1989 gebaut und 1997 erweitert. Entsprechende Quoten für weitere 50 Kühe mußten erworben werden. Der alte Kuhstall wurde zu Bullenmast- und Jungviehställen umgebaut. 1995 folgten Investitionen in die Speisekartoffelproduktion. Klimatisierbarer Lagerraum mit

Technik schaffte für die Ab-Hof-Vermarktung (60 % der Ware) bessere Bedingungen. Der letzte große Wachstumsschritt war die Zupacht eines gesamten Betriebes mit 60 ha und 150 Bullenmastplätzen (Entfernung 10 km). Der wachsende Viehbestand wurde durch die ständige Vergrößerung der Betriebsfläche ermöglicht, und der Maschinenpark ist entsprechend erweitert worden. Dabei wurde Wert darauf gelegt, daß größere zusammenhängende Flächen angepachtet wurden. Die Entfernungen zu den Betriebsflächen betragen bis zu 20 km. Die Pachtpreise liegen zwischen 600 und 1 000 DM pro ha.

Die in diesem Betrieb vorgenommenen Wachstumsschritte sind für viele Betriebe des Westmünsterlandes typisch. Ebenso typisch ist für viele Betriebe ein Wachstum in mehreren Produktionsrichtungen. Die Betriebszweige Rindviehhaltung und Schweinehaltung in verschiedenen Kombinationen sind noch häufig anzutreffen. Aus steuerlichen Gründen und um den Hofnachfolger einzubinden, ist der Betrieb in 3 Einheiten gegliedert.

Dieser Betrieb ist Mitglied der Wasserkooperation für den Bereich der Wassergewinnung in der Üfter Mark. Landwirtschaft und Wasserwirtschaft in NRW arbeiten zusammen, um durch Beratung im beiderseitigen Interesse von Landwirtschaft und Wasserwirtschaft zu einer optimalen Düngung und Reduzierung der Belastungen des Trinkwassers durch die Landwirtschaft zu kommen.

❷ *Nebenerwerbsbetrieb, Römerseestraße 6, in Heiden*
Auch dieser Betrieb ist seit langer Zeit in Familienbesitz. Es werden heute 36 ha LF bewirtschaftet, davon sind 20 ha gepachtet. Der Viehbestand umfaßt 25 Mutterkühe, 50 Sauen mit Ferkeln und 200 Mastschweine. 1970 verfügte der Betrieb über 9,5 ha Eigentum in 11 Teilstücken. Durch die Flurbereinigung in Heiden (Zuteilung 1976) wurde der Betrieb arrondiert, wodurch dieser Betrieb, wie viele andere in der Gemeinde, einen Entwicklungsschub erfuhr. So wurde 1976 ein Schweinemaststall mit 160 Plätzen gebaut. Weitere Investitionen folgten Mitte der 1980er Jahre mit dem Zukauf von 6,5 ha Fläche und Ausrichtung des Betriebes auf die Ferkelproduktion (50 Sauen) bei Beibehaltung der Milchproduktion (16 Kühe). Der Hofnachfolger beendete 1992 seine landwirtschaftliche Berufsausbildung als "Staatlich geprüfter Landwirt". Da der Vater noch den Betrieb führte, nahm der Sohn eine außerlandwirtschaftliche Tätigkeit auf und wurde 1997 Brennmeister. Durch Verpachtung der Quoten und Umstellung von Milch auf Mutterkuhhaltung wurde der Betrieb vereinfacht. Wachstumsschritte wurden seit Mitte der 1980er Jahre nicht mehr vorgenommen, da der Hofnachfolger mehr Möglichkeiten der Einkommens-

sicherung außerhalb der Landwirtschaft sieht und deshalb sein Arbeitsverhältnis nicht aufgeben will.

❸ *Landwirtschaftlicher Betrieb, Venneckeweg 29, in Raesfeld*
In diesem Raesfelder Betrieb hat man sich für eine Reduzierung der landwirtschaftlichen Produktion entschieden. Bis 1995 hatte der Betrieb bei einer Flächengröße von 30 ha 25 Kühe, 100 Stück Jung- und Mastvieh sowie 800 Legehennen und 500 Masthähnchen. Eier, Masthähnchen sowie Kartoffeln aus eigener Produktion wurden auf dem Wege des Fahrverkaufs und der Ab-Hof-Vermarktung direkt an Verbraucher abgesetzt. Im Jahre 1996 wurde ein Bauernhofcafé mit Hofladen in vorhandene Stallungen eingebaut. Dabei wurde der Viehbestand auf 40 Mastbullen und 800 Legehennen reduziert. Die Fläche des Betriebes wurde auf 20 ha verkleinert. Der Fahrverkauf wurde beibehalten. Das Bauernhofcafé trägt heute ganz wesentlich zum Einkommen des landwirtschaftlichen Betriebes bei.

❹ *Bioland-Verbandsbetrieb, Op den Booken 5, Borken*
In diesem Betrieb werden landwirtschaftliche Produkte nach Bioland-Richtlinien erzeugt. Er ist Mitglied im Bioland-Verband für organisch-biologischen Landbau. Bis 1980 wurde konventionell gewirtschaftet. Bei einer Betriebsgröße von 42,5 ha wurden auf 20 ha Mais, auf 15 ha Getreide und auf 5 ha Zuckerrüben angebaut. Die Grünlandfläche betrug 2,5 ha. Es wurden 30 Stück Damwild und 1 000 Mastschweine in modernen Stallungen gehalten. Der Betrieb wurde als Familienbetrieb mit einer Arbeitskraft (Betriebsleiter) bewirtschaftet. Ende der 1980er Jahre kam der Betriebsleiter zu der Überzeugung, daß die intensive Landwirtschaft mit ihrem hohen Einsatz von Dünge- und Pflanzenschutzmitteln für ihn nicht die Zukunft sein könne. Er zog die Konsequenzen und stellte den Betrieb auf eine Produktion nach Bioland-Richtlinien um. Gleichzeitig wurde ein Hofladen für die Direktvermarktung eingerichtet. Die Viehhaltung wurde auf 30 – 40 Mastschweine, 80 Damtiere sowie 500 Legehennen reduziert, die Fläche des Betriebes dagegen auf 70 ha ausgedehnt. Heute werden 7 ha Grünland und 63 ha Ackerland bewirtschaftet. 32 ha Feldgemüse stellen die Hauptfrucht. Der Anbau umfaßt u. a. verschiedene Kohlarten, Möhren, Schwarzwurzeln, Spargel, Zuckermais, Zwiebeln, Rote Beete, Pastinaken, Rettich und Wurzelpetersilie. Die Vermarktung erfolgt überwiegend an den Naturkost-Großhandel. Weitere Absatzwege gehen über den eigenen Hofladen sowie über Marktfahrer, die sich mit Produkten eindecken. Der Betrieb unterliegt somit sehr stark den Bedingungen des Marktes. Getreideanbau ist nicht wirtschaftlich, da kostendeckende Preise nicht erzielt werden können.

Exkursion 12

Düsseldorf - eine Global City? -
Die Landeshauptstadt von NRW als Headquarter-Standort und regionales Zentrum

H. Schneider

Exkursionsroute (eintägige Bus- oder Autoexkursion, ca. 20 km); alle Exkursionspunkte auch mit öffentlichen Verkehrsmitteln erreichbar:
(Universität Duisburg – Duisburg Hbf. –) Flughafen "Düsseldorf International" - Messe Düsseldorf - Kennedydamm - Hansaallee / Seestern - Altstadt/City - Immermannstraße - Stadtteil Oberbilk

Exkursionsinhalt:
Hochrangige Verkehrsvernetzung (Flughafen), internationaler Marktplatz (Messe), Headquarter-Standort, japanisches Wirtschaftszentrum für Europa, Umnutzung von Altindustrieflächen und hochrangige Tertiärisierung, kleinräumige Transformationsprozesse in einem citynahen ehemaligen Industrie- und Arbeiterviertel (Bsp. Oberbilk)

Foto 24: Bürozentrum des international führenden Wirtschaftsprüfers Coopers & Lybrand auf dem Gelände des ehemaligen Mannesmann-Walzwerkes in Düsseldorf-Oberbilk

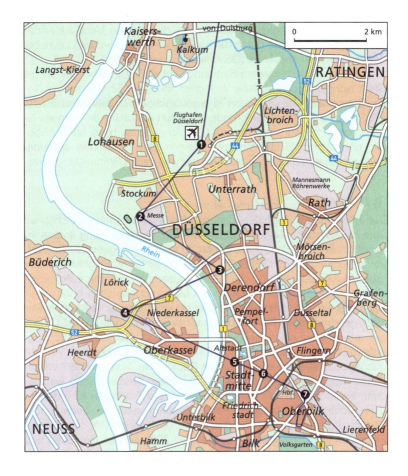

Die Formierung einer weltweiten Hierarchie von Weltstädten oder Global Cities ist - so die von Stadtforschern wie Saskia Sassen und John Friedmann formulierte "Weltstadt-Hypothese" - Ausdruck des derzeitigen Globalisierungsprozesses und markiert zugleich eine neue Phase der Urbanisierung.

Global Cities sind die städtischen Knoten im Netz der weltwirtschaftlichen Verflechtungen: Hier konzentrieren sich Unternehmenshauptsitze und ein breites Spektrum hochrangiger Dienstleistungen, die zusammen die Ausübung ökonomischer Steuer- und Kontrollfunktionen mit globaler Reichweite ermöglichen. Zugleich laufen hier beschleunigt typische innerstädtische Transformationsprozesse ab, die im wesentlichen durch die gegenläufigen Prozesse von Deindustrialisierung und hochrangiger Tertiärisierung, durch einen Trend zur sozialen Polarisierung sowie durch die baulich-soziale Aufwertung citynaher Wohn- und Gewerbeviertel (Gentrification) geprägt sind.

Ist Düsseldorf in diesem Sinn eine Global City? Sicher gehört die Stadt nicht wie London, New York oder Tokyo zur Spitzengruppe dieser Städtekategorie und auch in europäischem Rahmen sind Städte wie Paris, Amsterdam, Zürich oder Frankfurt am Main vor allem als Finanzzentren bedeutsamer. Anhand der Ausprägung typischer Funktionen und Merkmale läßt sich aber zeigen, daß Düsseldorf auf einer nachgeordneten Stufe durchaus Teil der weltweiten Global-City-Hierarchie ist.

❶ *Flughafen "Düsseldorf International"*
Den Düsseldorfer Flughafen, die erste Exkursionsstation, erreichen wir über die Autobahn 44 oder mit der S-Bahn. Die Anbindung an das internationale Luftverkehrsnetz gehört zu den grundlegenden Standortvoraussetzungen von Global Cities. Der Düsseldorfer Flughafen ist der größte Flughafen NRWs, nach dem gesamten Verkehrsaufkommen nimmt er derzeit hinter Frankfurt am Main und München bundesweit Rang drei ein, eine führende Stellung hat er im Charterflugverkehr. Der 1927 gegründete, im Norden der Stadt zwischen Stockum und Lohausen teilweise auf einem ausgedehnten Flugsandgebiet gelegene Flughafen erlitt 1996 durch die Auswirkungen eines Brandes im Abfertigungsgebäude einen empfindlichen Rückschlag. Von der 1997 vollzogenen Teilprivatisierung sowie ambitionierten Ausbauplänen wird jedoch ein Modernisierungsschub erwartet. Der Flughafen ist nicht nur eine wichtige Verkehrsdrehscheibe, sondern auch ein bedeutender Wirtschaftsfaktor für die Stadt und die umliegende Region. Bei der Flughafen Düsseldorf GmbH sowie rund 200 weiteren Betrieben und Dienststellen auf dem Flughafengelände sind ca. 15 000 Personen beschäftigt, unter Einrechnung auch indirekter Effekte wird die vom Flughafen ausgehende Gesamtbeschäftigung auf 45 000 Personen geschätzt.

❷ *Messe Düsseldorf*
Am Rheinufer und in unmittelbarer Nähe des Flughafens liegt, über die A44 schnell erreichbar, das ausgedehnte Gelände der Messe Düsseldorf, der zweite Exkursionsstandort. Auf einem unbebauten Gelände im Stadtteil Stockum, das der städtische Grundstücksfonds schon 1913 angekauft hatte, eröffnete 1971 die neue Düsseldorfer Messe ihre Tore. Düsseldorf zählt heute zusammen mit Frankfurt am Main, Köln, Hannover und München zu den bedeutendsten Messestandorten in Deutschland. Messen sind Marktplätze und Kommunikationsforen von

internationaler Bedeutung, sie erhöhen den Imagewert einer Stadt und haben darüber hinaus auch auf dem Arbeitsmarkt erhebliche Multiplikatoreffekte: Nach einer Schätzung des IFO-Instituts hängen von der Düsseldorfer Messe in ganz NRW ca. 17 400 Arbeitsplätze ab. Als zukunftsträchtig hat sich das Konzept der Fachmessen erwiesen, weltweit bekannt sind z.B. die Düsseldorfer Modemessen.

❸ *Kennedydamm*
Von der Messe aus erreichen wir den Kennedydamm, eine stadteinwärts führende, von Bürokomplexen gesäumte Schnellstraße. Hier konzentrieren sich Unternehmenszentralen, darunter der Hauptsitz des VEBA-Konzerns, Ministerien und Standorte wichtiger Verbände (z.B. des DGB). Bundesweit gehört Düsseldorf mit Hamburg, Frankfurt am Main, München und Essen zu den führenden Headquarter-Standorten. Von den 100 größten deutschen Unternehmen haben sieben ihren Sitz in Düsseldorf. Anders als in nordamerikanischen Städten zwingen fehlende Flächenreserven im Citykern in europäischen Global Cities zur Expansion der hochrangigen Dienstleistungsfunktionen in die innenstadtnahen Wohn- und Gewerbegebiete oder in den suburbanen Raum.

❹ *Hansaallee / Seestern*
In Düsseldorf sind seit den 1970er Jahren viele neue Bürokomplexe entweder unmittelbar am Cityrand oder im innenstadtnahen Raum entstanden. Zu letzteren gehört der linksrheinisch, im Stadtteil Lörick gelegene Standort Seestern, den wir über die Theodor-Heuss-Brücke erreichen. Neben City und Medienhafen zählt der Seestern (zusammen mit der angrenzenden Hansaallee) derzeit zu den gefragtesten Bürostandorten in Düsseldorf. Unter den am Kennedydamm und am Seestern ansässigen Firmen fallen zahlreiche japanische Unternehmen auf.

❺ *Altstadt / City*
Im innerstädtischen Zentrum Düsseldorfs hat sich eine funktionale Differenzierung zwischen dem Vergnügungsviertel der Altstadt und der City mit ihrem Schwerpunkt entlang der Königsallee (Kö) entwickelt. Die beiderseits des Kö-Grabens verlaufende Königsallee wurde Anfang des 19. Jahrhunderts auf den geschleiften Wallanlagen der Stadt errichtet. Während sich auf der westlichen Seite Banken und Finanzinstitute konzentrieren, hat sich auf der östlichen Seite eine hochrangige und umsatzstarke Einkaufsstraße mit überregionaler Anziehungskraft entwickelt. Neben hochrangigen Finanzinstitutionen, wie der Rheinisch-Westfälischen Börse und der Landeszentralbank, finden wir im

Citybereich auch den 1906/1908 erbauten "Stahlhof", langjähriger Sitz des Stahlwerkverbandes und mit seiner imposanten Architektur Symbol wirtschaftlicher Macht. Die Konzentration der Hauptsitze führender Unternehmen der Eisen- und Stahlindustrie hatte Düsseldorf in den 1920er Jahren den Ruf eines "Schreibtisches des Ruhrgebiets" eingetragen. Darin ist auch eine wichtige historische Wurzel für die heutige Funktion der Stadt als Headquarter-Standort international tätiger Unternehmen zu sehen.

❻ *Immermannstraße*
In Europa ist Düsseldorf nach London der wichtigste Standort für japanische Unternehmen. Fast ein Viertel der rund 500 japanischen Unternehmen in Düsseldorf haben hier ihren deutschen oder europäischen Hauptsitz. Für die Standortwahl war die Lagegunst Düsseldorfs im westorientierten europäischen Markt sowie die Nähe zum Wirtschaftsraum Ruhrgebiet ausschlaggebend. Mit der Ansiedlung von Unternehmen war auch der Zuzug einer japanischen Bevölkerungsgruppe verbunden, derzeit mit ca. 7 500 Personen nach London und Paris die drittgrößte in Europa. Ihr ökonomischer, aber auch kultureller Einfluß läßt sich an den Geschäften, Restaurants und Hotels der innerstädtischen Immermannstraße gut ablesen.

❼ *Stadtteil Oberbilk*
Wir verlassen den unmittelbaren Citybereich und wenden uns dem letzten Exkursionsstandort, dem zentrumsnahen Wohn- und Gewerbeviertel Oberbilk zu. Der Stadtteil, als erstes Industrie- und Arbeiterviertel Düsseldorfs in der zweiten Hälfte des 19. Jahrhunderts auf der "grünen Wiese" vor der Stadt entstanden, ist seit Ende der 1970er Jahre von einem intensiven Deindustrialisierungsprozeß geprägt, der bis heute zum Verschwinden aller größeren Industriebetriebe geführt hat. Damit wurde fast ein Drittel der überbauten Stadtteilfläche für neue Nutzungen frei (vgl. Abb. 25). Die Umnutzung durch hochrangige tertiäre Funktionen, in geringerem Maße auch durch Wohnfunktionen, ist noch im Gange.

Wir erreichen den Stadtteil durch die Passage des Hauptbahnhofs und stoßen auf der Oberbilker Seite auf den von hochaufragenden Bürogebäuden umrahmten Bertha-von-Suttner-Platz. Hier erstreckte sich bis Ende der siebziger Jahre noch das Oberbilker Stahlwerk, einst von dem aus der Eifel stammenden Pionierunternehmer Poensgen gegründet. Der Ludwig-Erhardt-Straße auf dem umgestalteten ehemaligen Stahlwerkgelände folgend erreichen wir das nördöstlich an die Kölner Straße anschließende Gelände des "Internationalen Handelszentrums" (IHZ). Die ambitionierten Pläne zur Umnutzung dieser

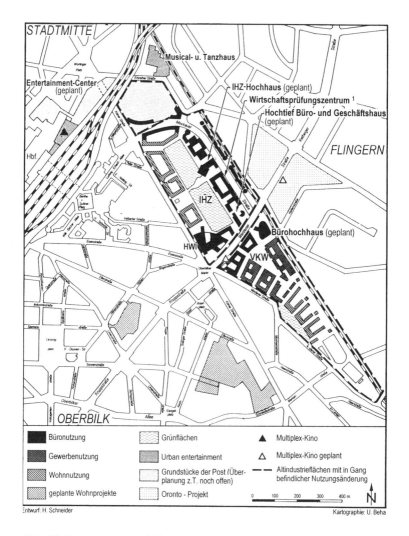

Abb. 26: Umnutzung von Altindustrieflächen in Oberbilk (1994 - 1998)

HWI = Haus der Wirtschaft und Industrie

IHZ = Internationales Handelszentrum

VKW = Vereinigte Kesselwerke

zweiten großen Altindustriefläche konnten allerdings nur teilweise realisiert werden. Aber mit der Errichtung eines Bürozentrums des weltweit führenden Wirtschaftsprüfungsunternehmens Coopers & Lybrand hat die hochrangige Tertiärisierung zweifellos neuen Schub erhalten.

Auf einer südöstlich an das IHZ anschließenden dritten Altindustriefläche befanden sich bis 1991 die Vereinigten Kesselwerke (VKW), hervorgegangen aus einem Pionierunternehmen der ersten Industrialisierungsphase. Derzeit stagniert allerdings die von einer privaten Grundstücksgesellschaft geplante Umnutzung des Geländes.

Am Verlauf der Umnutzungen der Oberbilker Altindustrieflächen sind die Risiken und Probleme des Übergangs von der "wohlfahrtsstaatlichen" zur "unternehmerischen" Stadt exemplarisch ablesbar.

Zeitlich parallel mit Deindustrialisierung und Tertiärisierung hat inselhaft ein baulich-sozialer Aufwertungsprozeß (Gentrification) eingesetzt, der von einer jüngeren, mehrheitlich von außen zugezogenen, viertelsfremden Bevölkerungsgruppe getragen wird, die zusammen als "neue Städter" bezeichnet werden können und die 1995 bereits knapp ein Viertel der rund 25 700 Stadtteilbewohner ausmachten. Die in sich heterogene Gruppe der "neuen Städter" hebt sich durch ihre sozial und räumlich außenorientierten Lebensstile deutlich von der ansässigen deutschen Bevölkerung, aber auch der ausländischen Migrantenbevölkerung ab. Dabei überlagern sich die Lebensstil-Enklaven der verschiedenen Bevölkerungsgruppen kleinräumig: Man lebt (weitgehend konfliktfrei) in "indifferenter Toleranz" (SENNETT 1995) nebeneinander, wenn auch nicht unbedingt miteinander: Soziale Segmentation ist also keineswegs zwangsläufig mit räumlicher Segregation verbunden.

Die Exkursion führt weiter über den Oberbilker Markt, einst das Zentrum des Stadtteils, durch die Flügelstraße mit einem gut erhaltenen Arbeiterwohnungsensemble der Vorkriegszeit, durch die Kirchstraße im Zentrum einer der aufgewerteten "Gentrifizierungsinseln" bis zur 1872 erbauten Josefkirche, dem ältesten Gebäude des Stadtteils. Vor der Kirche hat der Düsseldorfer Bildhauer Bert Gerresheim die Geschichte des Stadtteils, seiner Arbeiterbevölkerung und der Kirche in einem eindrucksvollen Monument künstlerisch verschmolzen und damit die Lebenswirklichkeit des heute nicht mehr existierenden Oberbilker Arbeitermilieus plastisch zum Ausdruck gebracht.

Exkursion 13

Aktuelle Prozesse des innerstädtischen
Strukturwandels in Düsseldorf:
Hafenumnutzung und "riverfront development"

H. Becker-Baumann und G. Schmitt

*Exkursionsroute (eintägige Bus- oder Autoexkursion, ca. 65 km);
alle Exkursionspunkte sind auch mit öffentlichen Verkehrsmitteln zu
erreichen; in Düsseldorf auch als Fußexkursion zu gestalten, dann 5 km:*
(Universität Duisburg – Duisburg Hbf. –) Altes Hafenbecken – Rheinuferpromenade – Mannesmannufer – Landtag/Fernsehturm – Stadttor – Zollhof/Medienmeile – Speditionsstraße/Handelshafen – Hammerstraße/Erftplatz

Exkursionsinhalt:
Aktuelle Prozesse des innerstädtischen Strukturwandels in Düsseldorf:
Hafenumnutzung und "riverfront development"

**Foto 25:
Zollhof und
Fernsehturm
im
Düsseldorfer
Hafen**

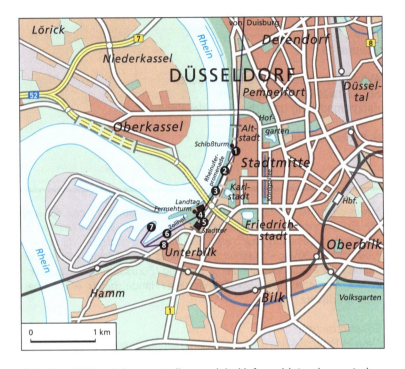

Seit den 1980er Jahren unterliegen viele Hafengebiete einem starken Struktur- und Funktionswandel. Nach dem Wegfall der ursprünglichen Handelsfunktionen haben insbesondere die innenstadtnahen Bereiche große Aufmerksamkeit erlangt. Die Attraktivität dieser Gebiete hat zu vielfältigen Erneuerungsmaßnahmen geführt. Die Revitalisierungsprozesse im Düsseldorfer Hafengebiet nehmen insofern eine Sonderstellung ein, als daß hier mit der Entstehung der "Medienmeile" in einem Teil des Hafens eine besondere Nutzergruppe eingezogen ist. Vom alten Hafenbecken führt die neuangelegte Rheinuferpromenade bis in das neue Hafengebiet, das Ende des 19. Jahrhunderts südlich der Innenstadt auf der Halbinsel Lausward angelegt wurde. Entlang der gesamten Exkursionsroute zeigen sich unterschiedliche konzeptionelle Inwertsetzungmaßnahmen und -phasen der Düsseldorfer Wasserfront.

❶ *Altes Hafenbecken*
Die Exkursion beginnt am Schloßturm in der Düsseldorfer Altstadt. Sie folgt der historischen Entwicklung des Düsseldorfer Hafens, der parallel zu den Stadterweiterungsphasen immer weiter rheinaufwärts verlagert wurde. Vom Schloßturm führt eine Freitreppe, auch "Spanische Treppe" genannt, hinab zu den ehemaligen Verlade- und Lagerkais.

Links geht es weiter entlang der alten Kasematten. Diese alten Lagerräume des Hafens werden heute als Brauereiausschank genutzt. Nach etwa 100 m gelangt man durch eine Unterführung auf der rheinabgewandten Seite zum alten Hafenbecken aus dem 17. Jahrhundert. Dieses wurde im Zuge der Tieferlegung der Rheinuferstraße wiederentdeckt und freigelegt. Man kann die alten Steine gut erkennen, fehlende wurden z. T. originalgetreu rekonstruiert. Das alte Hafenbecken hat heute keine Verbindung zum Rhein mehr, wird aber mit Rheinwasser gefüllt.

❷ *Rheinuferpromenade*
Hiernach geht es zurück in Richtung der kleinen Unterführung. Kurz davor geht man links den sanft ansteigenden Aufgang zum oberen Bereich der Rheinuferpromenade hinauf. Oben angekommen, geht es weiter geradeaus bis zu einer kleinen Empore, die sich auf der rechten Seite befindet. Von der Empore bietet sich ein weiter Blick über die Rheinuferpromenade.

Noch vor wenigen Jahren fuhren die 55 000 Autos, die täglich diese wichtige Nord-Süd-Verbindung durch Düsseldorf nutzen, hier oberirdisch. Im Mai 1986 beschloß das Land, die Rheinuferstraße in einen Tunnel zu verlegen. Die Untertunnelung des Düsseldorfer Rheinuferbereiches war eines der größten und schwierigsten städtebaulichen Vorhaben des 20. Jahrhunderts in der Stadt. Ebenso wichtig wie die Bautechnik war bei der Durchführung des Bauvorhabens die Verkehrsführung. Die Bauarbeiten an dem knapp 2 km langen Tunnel dauerten etwa zwei Jahre.

Mit der Untertunnelung sollte zum einen eine oberirdische Verkehrsberuhigung erzielt werden. Oberstes Ziel hierbei war es, die Altstadt autofrei zu halten. Die einzige Verbindung des Tunnels mit der Altstadt ist ein unterirdisches Parkhaus. Der Bau des Rheinufertunnels verursachte erhebliche Kosten. Ursprünglich waren Ausgaben in Höhe von 400 Mio. DM geplant; die tatsächlichen Kosten beliefen sich dann auf 570 Mio. DM.

Durch die Maßnahmen sollte zum anderen eine Steigerung der Lebensqualität für die Anwohner herbeigeführt werden. Die Stadt wurde wieder an den Rhein herangeführt. Wellenförmige Bodenplatten symbolisieren das Fließen des Rheins und die Verbundenheit mit diesem. Die angelegten Geh- und Radwege werden von Platanen gesäumt. Bänke laden zum Verweilen ein.

Nicht nur die Düsseldorfer haben diesen neuen Erholungsraum längst entdeckt. Man fährt Inline-Skates, genießt einen Cafe, trinkt ein Altbier oder flaniert. Bei schönem Wetter tummeln sich die Menschen auf der Promenade. Gab es vor und während der Umgestaltung viele Kritiker des Projektes, so sind heute alle zufrieden mit dem Ergebnis. Nebenbei – die Promenade bietet heute den gleichen Anblick wie um die Jahrhundertwende.

❸ *Mannesmannufer*
Die Exkursion wird in Richtung Fernsehturm fortgesetzt. Nach etwa 100 m sind auf der linken Seite alte Verwaltungsgebäude zu sehen. Dieser Abschnitt des Rheinufers heißt Mannesmannufer. Hier haben sich im Zuge der Industrialisierung des Ruhrgebietes viele Verwaltungsgebäude großer Industriekonzerne angesiedelt. Das brachte Düsseldorf den Namen "Schreibtisch des Ruhrgebietes" ein.

Die Nähe zu diesen Verwaltungen war ein Grund für die Wahl Düsseldorfs zur Landeshauptstadt bei der Neugründung NRWs im Jahre 1946. Daraufhin siedelten sich in diesem Bereich verschiedene Ministerien und die Staatskanzlei an. Mit dem Landtag zog man zunächst in das ehemalige Ständehaus ein. Langfristig wurde der Bau eines neuen Landtages angestrebt. Hierfür mußte ein neuer Standort gefunden werden.

Der alte Berger Hafen, der seit den 1960er Jahren einen Bedeutungsverlust erfahren hatte, rückte immer mehr in den Blick der Stadtplaner. Dieser alte Teil des Hafens konnte den veränderten verkehrstechnischen und organisationsstrukturellen Anforderungen des Schiffverkehrs – wie große Hafenbecken, Lagerfläche, Containerumschlag usw. – nicht mehr entsprechen. Schließlich wurde 1988 der neue Landtag als Höhepunkt der Feierlichkeiten zum 700. Stadtjubiläum auf dem zugeschütteten Berger Hafen eröffnet und bildet seither den Mittelpunkt des Regierungsviertels.

❹ *Landtag / Fernsehturm*
Weiter geht es unter der Brücke mit dem Apollo-Theater hindurch und direkt auf den Landtag zu. Das Gebäude wird durch Kreisformen und Glas dominiert. Diese Architektur soll das Bestreben der Politik nach Gleichheit und Transparenz symbolisieren. An die ehemalige Hafenfunktion erinnert nur noch der neuangelegte Yachthafen vor dem Landtag.

Von hier geht es weiter zum 234 m hohen Fernsehturm. Die Auffahrt auf den Fernsehturm ist unbedingt zu empfehlen. Von oben bietet sich eine sehr gute Aussicht auf den anschließenden Hafen und auf die zurückliegende Rheinuferpromenade.

❺ *Stadttor*
Vom Fernsehturm geht es zurück auf die Verlängerung der Rheinuferpromenade, die bergan zum "Stadttor" führt. Der 75 m hohe Bau, der aus statischen Gründen eine spektakuläre Rhombenform mit Charakter eines Tores aufweist, bildet den Eingang in den Rheinufertunnel. Er ist ein neues Wahrzeichen der Stadt geworden. Dieser Glaspalast ist das modernste Bürogebäude der Stadt. Durch die Doppel-Glasbauweise konnte der Energieverbrauch erheblich gesenkt werden, was eine Reduktion der Nebenkosten bewirkte. Aufgrund der umweltfreundlichen Architektur wurde das Gebäude bereits mehrfach ausgezeichnet. Es ist gänzlich durch private Investoren finanziert worden. Anfang des Jahres 2000 ist der Ministerpräsident des Landes Nordrhein-Westfalen in die oberen Etagen eingezogen, um von hier aus sein Amt zu führen. Das "Stadttor" ist öffentlich zugänglich. Ein Blick hinein lohnt sich.

Vom "Stadttor" geht es zurück Richtung Fernsehturm. Vor dem Fernsehturm führt der Exkursionsweg nach links in Richtung des WDR Gebäudes. Es kündigt den Übergang zur "Medienmeile" an.

❻ *Zollhof / Medienmeile*
Mit dem Beschluß des Stadtrates von 1976, ein weiteres Hafenbecken umzunutzen, wurde die Kaistraße zum Spekulationsobjekt der Städtebauer und Politiker. Die Nähe zur Innenstadt, zum Regierungsviertel und die Lage am Wasser machten das Gebiet für vielfältige Erneuerungsmaßnahmen attraktiv. Die Entscheidung des Stadtrates, hier insbesondere Dienstleister aus der Medienbranche und aus kreativen Bereichen anzusiedeln, führte dazu, daß die Revitalisierungsprozesse im Düsseldorfer Hafengebiet eine besondere Form annahmen.

Links am WDR vorbei geht es zum Zollhof, dem spektakulären Bau des Stararchitekten Frank O`Gehry (Foto 25). Dieser aus drei Einzelgebäuden bestehende Komplex soll einen Durchlaß zum Rhein und eine bessere Anbindung des angrenzenden Stadtteils Unterbilk an das Wasser ermöglichen. Das Ensemble wurde mit unterschiedlichen Materialien gestaltet. Jeder Turm soll eine eigene Identität wahren. Durch das spiegelnde Material des mittleren Baus wird aber auch eine Beziehung der Gebäude zueinander geschaffen. Der mit roten Klinkersteinen verkleidete Bau soll an die alte Architektur des Hafens erinnern; die weißen Wände des dritten Baus sollen zu den anschließenden postmodernen Glas- / Stahlbauten überleiten.

Die Verbindung verschiedener weicher Standortfaktoren, wie die exklusive Lage am Wasser, die Nähe zur City und die symbolträchtige Architektur, machen dieses Gebiet für die neuen Nutzer besonders attraktiv.

Betrachtet man beim Gang durch die Kaistraße und die angrenzenden Straßen die Firmenschilder an den Eingängen, so zeigt sich, wer die neuen Nutzer sind: Neben Künstlern und Designern haben vor allen Dingen Rundfunksender, Filmproduktionsfirmen und Fernsehanstalten sowie Werbe- und PR-Agenturen Einzug in das alte Hafengebiet gehalten. Der bis dahin geschlossene Funktionscharakter des Hafengebietes wurde durch die Umgestaltung der Kaistraße aufgebrochen. Einzelne bauliche Elemente (z. B. alte Fabrikgebäude, die Kaimauern, Anlegestellen usw.) wurden als industrielles Kulturgut unter Denkmalschutz gestellt.

❼ *Speditionsstraße / Handelshafen*
Die Kaistraße trifft an ihrem Ende auf die Franzius-Straße. Ihr folgt man nach rechts bis zur Speditionsstraße und biegt wiederum nach rechts ein. Dieser Bereich des Hafens, der inzwischen ebenfalls für die Umstrukturierung freigegeben wurde, befindet sich aktuell im Erneuerungsprozeß. Für diesen Abschnitt sieht die Stadtplanung eine Funktionsmischung vor, d. h. im Gegensatz zur Kaistraße und zum Zollhof sollen hier nicht mehr nur Büroflächen und Dienstleistungsfunktionen, sondern auch Wohn- und Freizeitfunktionen Einzug halten. Die Erfahrungen an der Kaistraße haben gezeigt, daß es durch die alleinige Büronutzung zu einer Verödung in den Abendstunden kommt. Weiterhin wurden im Gegensatz zur Kaistraße bei dieser Umgestaltung mehr Gebäude – insbesondere die alten Speicher – unter Denkmalschutz gestellt, um auf die ehemalige Nutzung hinzuweisen.

Ein Blick nach Westen zeigt die anschließenden Hafenbecken des Handelshafens. Man schaut zunächst auf die alte Diamant-Mehl-Fabrik, die inzwischen aufgegeben wurde. Die Halbinsel Lausward wird gegenwärtig durch ein großes Kraftwerk geprägt.

Die Geschichte des Düsseldorfer Hafens beginnt im 15. Jahrhundert mit der Erlangung des Rechts zur Rheinschiffahrt. Im 17. Jahrhundert wurde der heute wieder freigelegte Hafen in der Altstadt angelegt. 1831 erlangte Düsseldorf die Freihafenrechte. Da gleichzeitig die Bedeutung Düsseldorfs als Industriestadt stieg, legte man auf der Halbinsel Lausward einen neuen Hafen an. Damals war er einer der modernsten seiner Zeit. Ein wichtiger Faktor für diese Entwicklung war auch die Eisenbahnanbindung. Mit fortschreitender Industrialisierung des Ruhrgebietes verlor der Hafen jedoch immer stärker an Bedeutung; insbesondere der Duisburger Hafen, aber auch der nahegelegene Neusser Hafen, übernahmen die Vorreiterrollen als Handelshäfen.

Seit 1996 gibt es aber auch wieder Bestrebungen der Stadtwerke, die den Handelshafen 1990 übernommen haben, den Hafen weiter auszubauen. Ein neuer Massengüterumschlagplatz von 25 000 m^2 entstand. Demgegenüber deuten etliche Schließungen von Fabriken im noch traditionell genutzten Hafengebiet sowie Grundstücksspekulationen an, daß auch die weiteren Hafenbecken langfristig der Konkurrenz anderer Häfen nicht standhalten können. Der Düsseldorfer Hafen war jedoch zu keinem Zeitpunkt ein wirklich bedeutender Handelshafen.

❽ *Hammerstraße / Erftplatz*
Von der Speditionsstraße geht es wieder zurück über die Franziusstraße bis zum Multiplexkino. Dahinter biegt man nach links in die Hammerstraße ein. Sie trennt das Hafengebiet von dem angrenzenden Stadtteil Unterbilk. Auf der rechten Straßenseite bieten sich interessante Anblicke. Ab dem Erftplatz sind viele Szenelokale und Restaurants sowie die Ergebnisse einer Wohnumfeldverbesserung mit Verkehrsberuhigung und Fassadenverschönerung zu sehen. Die Erneuerungsprozesse im Stadtteil Unterbilk stehen indirekt mit der Umstrukturierung des Hafens in Verbindung. Der Wohnstandort Unterbilk hat durch die Nähe zum Arbeitsstandort Hafen und zum Freizeitraum Hafen an Attraktivität gewonnen. Dies zieht langsam Veränderungen in der Bevölkerungsstruktur nach sich. So handelt es sich bei den Zuzüglern überwiegend um jüngere, ökonomisch starke Singles und kinderlose Paare; dadurch werden einkommensschwächere Gruppen zunehmend verdrängt. Man spricht im Zusammenhang mit dieser sozialen und städtebaulichen Aufwertung von Gentrifizierung. Daneben hat sich die Quantität und Qualität der Arbeitsplätze an diesem innerstädtischen Standort verändert. So zeigen sich in Unterbilk, einem ehemals klassischen Arbeiterwohnviertel, die Anfänge eines Global City Quartiers.

Exkursion 14

Sauerland und Südrand des Münsterlandes: Entstehung der Landschaft auf paläozoischem und kretazischem Sockel im Quartär und Tertiär

K. Thomé

Exkursionsroute (eintägige Bus- oder Autoexkursion, ca. 300 km; ohne Anfahrt, ab Witten ca. 250 km):
(Universität Duisburg – Duisburg Hbf. –) Bochum / Witten – Wetter – Schwerte-Hohenlimburg – Hemer – Balve – Arnsberg – Meschede – Ramsbeck – Elpe – Winterberg – Bruchhausen – Brilon – Werl

Exkursionsinhalt:
Landschaftsformen und Sedimente aus Tertiär und Quartär

Foto 26: Verstärkte Wasserzirkulation im Fels unter einem Bachbett
Braunfärbung der Steilwand in Bildmitte infolge Oxidation des Gesteins durch Einspeisung sauerstoffreichen Bachwassers unter der Bachkerbe. Ort: Steinbruch in Sandsteinbänken und Schiefern des Oberkarbons nördlich Hemer, Sauerland. Die Oberkante des Steinbruchs schneidet quer durch die Bachkerbe; links (Süden) Schattenhang mit Lößauflage; rechts (Norden) Sonnenhang ohne Löß

❶ *Bochum / Witten*
Am ersten Standort bei Witten-Annen durchquert eine Mulde die südlichen Randhöhen des Münsterlandes und mündet in eine zugefüllte Ruhrschlinge. Durch sie entwässerte das einst im Münsterland liegende Inlandeis in die mindestens 120 m hoch gestaute Ruhr; der Gletscherfluß füllte das Ruhrtal 60 m hoch mit dem typischen Stauseesediment Schluff.

❷ *Wetter*
Fahrt über oberkarbonische wasserstauende Schiefer (mit Sandsteinbänken). Die ca. 1 km breite Talsohle der Ruhr enthält 4 – 5 m Schotter, darüber 1 – 2 m Auenlehm. Der Fluß hat eine 10 – 20 m breite mäandrierende Rinne. Zahlreiche Brunnen gewinnen Trinkwasser.

❸ *Schwerte-Hohenlimburg*
Wir überqueren das extrem asymmetrische Tal der Lenne: Osthang sehr steil, Westhang deutlich flacher, mit Terrassenresten, Löß und Stauseeablagerungen (über 10 m mächtig) bedeckt; fester Gesteinssockel aus Oberdevon und Karbon, südlich voraus ragt das mitteldevonische Massenkalkplateau als Kante hoch, dahinter wird (für uns nicht sichtbar) in einem tiefen Steinbruch ("Donnerkuhle") Dolomit abgebaut.

❹ *Hemer*
Weiterfahrt Richtung Hemer: Rechts (im Süden) tief erodierter Massenkalk (Oberfläche ca. 200–220 m NN), dahinter Sandsteinberge des Mitteldevons (ca. 380–500 m NN hoch); links oberdevonische und unterkarbonische Schichten (ca. 260–300 m NN). Selektive Abtragung strukturierte die Oberflächenformen, Gesteine, die der Verwitterung mehr Widerstand entgegensetzten, wurden weniger abgetragen (= "Härtlinge") als solche, die rascher verwitterten (= "Ausraumzonen"). Abtragungsschwerpunkt war im Tertiär die Gesteinsauflösung (= chemische Verwitterung), sie bildete die heute noch vorhandenen Großformen. Im Quartär herrschte Frostverwitterung, nun waren Kalksteine besonders fest, weil sie der Frostsprengung am besten widerstanden. Die quartäre Abtragung veränderte je nach Lage die tertiär entstandenen Landschaftsformen. Besonders aktiv waren fluviatile Tiefenerosion und periglaziale Hangabtragung.

Süd-Nord-Täler sind ein uraltes morphologisches Merkmal des Gebietes, sie verlaufen durch Härtlingsrücken und Ausraumzonen hindurch, als wären keine Härtlinge vorhanden. Sie entstanden auf einer durchgehend von Süden nach Norden geneigten Abdachung,

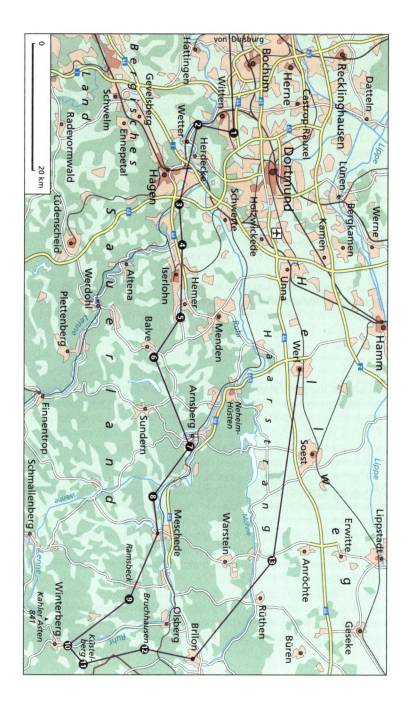

bevor sich Härtlingsrücken ihnen in den Weg stellten konnten. Diese Abdachung wird meist als Rumpffläche gedeutet, weil im tropischen Klima angeblich Verebnungen ohne Stufen über unterschiedlich widerstandsfähigen Gesteinszügen entstehen. Vielleicht war sie aber auch nur die Strandfläche des nach Norden zurückweichenden Kreidemeeres. Als auffällige Ausnahmen von der vorherrschenden Süd-Nord-Richtung der Täler müssen aber die ost-west-gerichteten Talstrecken der Lenne bei Schmallenberg, der Ruhr bei Meschede und am Nordrand des Sauerlandes der Talzug Möhne – Ruhr genannt werden. Die West-ablenkungen könnten durch Wälle aus Stranddünen an der Kreideküste veranlaßt worden sein. Bei dem nördlichsten und längsten ost-west-gerichteten Talzug (Möhne – Ruhr), der praktisch alle süd-nord-gerichteten Abdachungsflüsse mit Ausnahme der Alme abfängt, ist, zumindest teilweise, die Ablenkung vor einem Eisrand des Zeitabschnitts 22 der Tiefseegliederung in Betracht zu ziehen.

❺ *Felsenmeer Hemer*

Das Felsenmeer südöstlich von Hemer entstand durch eine besonders starke tertiärzeitliche Verkarstung, wie sie unter einem Bachbett möglich war. Das Bachwasser veranlaßte eine verstärkte Wasserzirkulation im Untergrund, wodurch die Kalkauflösung beträchtlich zunahm; in den Lösungshohlräumen abgesetzter eisenreicher Residuallehm bildete sich ein Eisenerzlager für die frühe Eisenindustrie. Es wurde vielleicht schon seit der "Eisenzeit" genutzt, sicher aber im Mittelalter und noch im vorigen Jahrhundert. Die Erzgewinnung legte das Karstgewirr frei, im Felsenmeer sind noch offene Bergbaustollen (mdl. Mitt. Dr. WREDE, Geol. Landesamt NRW Krefeld) vorhanden.

❻ *Balver Höhle*

Die Eingangsöffnung der Balver Höhle ist 12 m breit und 11 m hoch, die Höhlenhalle ca. 50 m lang, ihr Ende verzweigt sich in rasch auskeilende Gänge. Diese Höhle ist eine der wenigen des Sauerlandes mit steinzeitlichen Menschenspuren. Der Höhlenschutt war mit Tierknochen und Artefakten durchsetzt, er lag 4 m hoch und wurde im vorigen Jahrhundert zum Düngen der Felder ausgeräumt. Die ersten wissenschaftlichen Untersuchungen um 1870 durch VON DECHEN und VIRCHOW zerstörten Fundmaterial. Unter den Knochenresten war ein 4,5 m langer Mammutstoßzahn. Nach GÜNTHER (1961) fand man Artefakte aus Atlantikum, Magdalenien, Aurignacien, Mousterien und Micoquien, zeitlich umfassen sie das letzte Glazial und das davor liegende Interglazial = Eem-Warmzeit. Seit vielen Jahren wird die Höhle für festliche Veranstaltungen genutzt; das Höhlendach wurde mit Felsankern gesichert.

❼ *Arnsberg*
Ruhrtal am östlichen Ausgang von Arnsberg: Auf verkarsteten Kalksteinbänken des Unterkarbons stehen im Ruhrtalboden, nur wenige Meter auseinander, zwei Trinkwasserbrunnen. Eines Tages war einer der Brunnen durch Benzin verunreinigt. Der andere blieb benzinfrei, lieferte, laufend kontrolliert, noch monatelang reines Trinkwasser, bis Arnsberg von auswärts Wasser beziehen konnte.

❽ *Ruhrtal zwischen Wennemündung und Meschede*
Wennemündung: Wir fahren von Arnsberg durch das von der Wenne verlassene Talstück, dann durch die Ausraumzone der "Nuttlarer" Schiefer zwischen Härtlingsrücken aus Schalstein, Sandstein und Kalkstein nach Calle, von dort Richtung Ramsbeck durch das Durchbruchstal des Kelbke-Baches zur Ruhr, dann entlang der Ruhrdurchbrüche durch den Härtlingszug des Unterkarbons. Die fünf Ruhrdurchbrüche durch den gleichen Härtlingszug erhellen den Vorgang fluviatiler Tiefenerosion: Die Ruhr traf bei beginnender Tiefenerosion irgendwann auf die in ihr Bett ragenden oberen Bereiche des spitzwinklig ihren Lauf kreuzenden Härtlingszuges. Es entstand ein Pendeln des Flußlaufs. An vielen ähnlichen Durchbrüchen kann man sehen, daß Flüsse ihre Fließrichtung senkrecht zum Streichen des Härtlings ausrichten. Die Ruhr wurde dadurch zur Bildung großer Windungen veranlaßt. Tiefenerosion legte den Flußlauf fest, so daß der Fluß gezwungen war, sein im Härtlingszug gefangenes Tal zu vertiefen. Hierbei mußte er zunehmend mehr Gestein erodieren, doch war die verfügbare Erosionsenergie begrenzt: So verengte der Fluß mit zunehmender Tiefe seine Windungsradien. Das älteste Flußbett liegt hoch an den Bergrändern und hat relativ große Windungsbögen, das tiefste, in dem die Ruhr heute fließt, schmiegt sich eng an die aufragenden Härtlingsberge und hat die kleinsten Windungsradien. Halt an Kieselschiefern und Kieselkalken des Unterkarbons bei Laer. Weiterfahrt nach Bestwig, von dort Richtung Süden nach Ramsbeck.

❾ *Ramsbeck*
Halt im oberen Einzugsgebiet des "Plästerlegge"- Baches südöstlich von Ramsbeck; Felsuntergrund: Fredeburger Schiefer mit sehr dünner (0,3 bis 0,5 m) Frostverwitterungsschicht. Die Bachkerbe mündet auf der Steilwand einer Talschlucht und bildet dort den einzigen natürlichen Wasserfall Nordrhein-Westfalens. Schieferklippe oberhalb der Schlucht: Sie entstand, weil gute Drainage das Wasser entfernte, bevor es Gefrieren und dadurch sprengen konnte. Die Klippe zeigt die starke lokale tektonische Prägung in Schichtung, Schieferung, Knickzonenbildung und Quarzgängen; am Talhang

bilden alte Kohlenmeilerstandorte mit Holzkohleresten rundliche Plattformen, am Ausgang der Schlucht ins Elpetal liegt ein Spätglazialer Schuttgletscherrest. Südlich Elpe lassen zwei benachbarte Talkessel ihre Entstehung als ineinander geschachtelte Kare aus Elster- und Saale-1-Glazial vermuten; eine Felsschwelle am Ausgang zum Elpetal, vom Talkesselbach durchsägt, könnte die ehemalige Karschwelle sein.

⑩ Winterberg

Auf der Rumpffläche bei Winterberg: oberhalb 700 m NN sind die Täler flache Mulden. KÖRBER (1956) vermutet eine tertiäre Entstehung im Zusammenhang mit Rumpfflächen. Wahrscheinlicher war subglaziale Erosion unter einer Eiskappe die Ursache. Die Schneegrenze lag während des letzten Glazials bei 800 m NN, in den größeren Glazialen Elster und Saale-1 dürfte sie bei 700 m NN gelegen haben.

⑪ Küstelberg bei Winterberg

Geschichtete Hangablagerungen bei Küstelberg ("Bänderschiefer") bestehen aus wassersortiertem kleinstückigem Schiefergrus, charakteristisch für periglaziale Schiefergebiete (auch im Thüringer Wald und in Wales). Die Oberfläche der Ablagerungen fällt mit ca. 10° ein, die Ablagerungen haben eine steilere Schichtung bis ca. 25–30°. Sie sind älter als die letzte Kälteperiode, aus der die Kryturbationen an ihrer Oberfläche stammen; vermutlich entstanden diese im Anschluß an das Abschmelzen der Eiskappe. Weiterfahrt nach Bruchhausen.

Bruchhausener Steine

Diese am nördlichen Ortsausgang gelegenen riesigen Klippen aus ⑫ Granitporphyr sind bis ca. 80 m hoch. Die Talhänge darunter sind mit sog. Wanderblöcken bestreut, die in Tauperioden auf glazialem Dauerfrostboden hangabwärts rutschten. Weiterfahrt über Brilon (Massenkalkplateau) durch das Möhnetal auf den Haarstrang.

⑬ *Haarstrang südlich von Soest*

Bei gutem Wetter Fernsicht nach Norden über das Münsterland bis zum Teutoburger Wald, nach Süden über das Sauerland bis zu den (höchsten) "Rumpfflächenresten" bei Ramsbeck und Winterberg mit dem Kahlen Asten. Wir fahren auf der Grenze zweier Landschaften mit völlig verschiedener Genese: Im Süden das aus gefalteten paläozoischen Gesteinen bestehende, vorwiegend von fluviatilen Erosionsvorgängen im Tertiär und Quartär geformte Sauerland, im Norden das in den relativ kurzen Zeiträumen der dreimaligen Gletscherbedeckung im Quartär vorwiegend durch subglaziale Wasser- und durch Eiserosion breitflächig erniedrigte Münsterland; Werl liegt bei ca. 80 m NN, die Talsohle des Ruhrtals (wenige Kilometer südlich) bei 145 m NN. Auf dem Haarstrangscheitel liegen Schmelzwassersedimente und Grundmoräne. Der Haarstrangnordhang zeigt schmale Stufen, Erosionskanten ehemaliger Eisränder; Entwässerungsrinnen ("Schledden") sind fast alle schräg zum Hanggefälle eingeschnitten, vermutlich liegen sie in Rillen des Eisschurfs. Auf hohes Alter des Eisvorstoßes auf dem Haarstrangscheitel deutet der ca. 2 m mächtige Auflösungsrückstand der Turonkalke unter der Grundmoräne. Man kann annehmen, daß der Gletscherschub alles Lockermaterial entfernt hatte und das Eis mit seiner Grundmoräne unmittelbar auf festen Plänerkalken lag. Versickerndes Regenwasser hat seitdem die Plänerkalke 2 m tief aufgelöst, die unlöslichen tonigen und kieseligen Bestandteile bilden eine Schicht von 2 m Mächtigkeit. Die Moränen auf dem Haarstrangscheitel (vorwiegend ostfennoskandische Geschiebe) werden der Elster-Vereisung (vor ca. 500 000 Jahren), die Moränen am Haarstrangfuß (vorwiegend südschwedische Geschiebe) dem Saale-1-Vorstoß (vor ca. 300 000 Jahren) zugeschrieben.

Physiogeographische Strukturen und ökologische Probleme im Ruhrgebiet

Exkursion 15

Wasserwirtschaft im Ruhrgebiet und in Nordrhein-Westfalen

E. Köhler

Exkursionsroute (eintägige Bus- oder Autoexkursion, ca. 200 km):
(Duisburg-Hbf. – Universität Duisburg –) Essen-Burgaltendorf – Essen-Karnap – Bottrop-Ebel – Gladbeck-Scholven – Haltern – Hamm – Bergkamen

Foto 27: Schleuse im Datteln-Hamm-Kanal mit Lippe bei Hamm

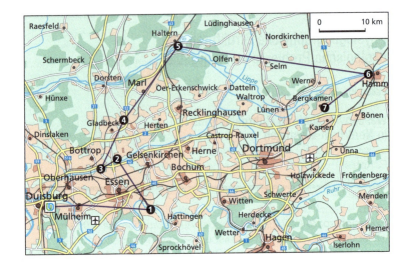

Exkursionsinhalt:
Aktuelle wasserwirtschaftliche Probleme des Ruhrgebietes, wobei über die traditionelle, technikorientierte Betrachtungsweise hinaus Antworten auf aktuelle Fragen gegeben werden.
  Die Exkursion gliedert sich im wesentlichen in folgende Inhalte:
1. System der Trink- und Brauchwasserversorgung aus der Industrieregion selbst, den angrenzenden Regionen und über die Schiffahrtskanäle des Wasserverbandes Westdeutsche Kanäle (WWK);
2. Abwasserbeseitigung über die Emscher und Veränderung des Systems der zentralen Abwasserbeseitigung bis hin zur Renaturierung der Emscher;
3. durch den Bergbau verursachte Probleme in der Wasserwirtschaft der Region;
4. Möglichkeiten und Grenzen des Umganges mit Niederschlagswasser;
5. Strukturveränderungen in der Organisationsform der Wasserwirtschaft in Deutschland.

❶ *Essen-Burgaltendorf (Holteyer Straße)*
Der erste Exkursionspunkt bietet einen Blick auf die Wassergewinnungsanlagen in Essen-Überruhr.

Das rheinisch-westfälische Industriegebiet (RWI) ist eine Region, die den Wasserbedarf nur noch zu weniger als 20 % aus der Region selbst decken kann. Sie gehört somit zu den Wassermangelgebieten. Der Niederschlagsreichtum in den südlich angrenzenden Mittelgebirgen und der Grundwasserreichtum in den nördlichen Lockergesteinen (u. a. Halterner Sande) haben jedoch die Versorgung des Industriegebietes mit Wasser stets gesichert.

Die intensive Wasserentnahme aus den Schottern der Ruhr und über Grundwasseranreicherungen aus dem Fluß selbst führte dazu, daß die Ruhr in der niederschlagsarmen Jahreszeit trockenfiel. Die im Einzugsgebiet vorherrschenden Festgesteine besitzen nur eine geringe Speicherkapazität. Zur Minderung des Problems wurde daher bereits 1899 der Ruhrtalsperrenverein als Interessengemeinschaft der Triebwerksbesitzer und der Wasserwerke im Ruhreinzugsgebiet mit dem Ziel gegründet, dem Wassermangel in Trockenzeiten durch den Bau von Talsperren zu begegnen.

Mit der Ausweitung der Industrie und dem Anwachsen der Bevölkerung an der Ruhr stieg nicht nur der Wasserverbrauch, sondern auch die Menge des häuslichen und industriellen Abwassers, das ungeklärt in die Ruhr und ihre Nebenflüsse gelangte. Die Ordnung der durch den Ruhrtalsperrenverein betriebenen Wassermengenwirtschaft hatte jedoch nur Sinn, wenn eine bestimmte Wassergüte im Fluß gehalten werden konnte. Daher wurde 1913 der Ruhrverband gegründet mit der Aufgabe, die Ruhr und ihre Nebenflüsse reinzuhalten.

Heute sind die Aufgaben beider Organisationen im Ruhrverband zusammengefaßt. Die Wassergewinnungsanlagen selbst werden von Industriebetrieben bei Eigenversorgung sowie von den Kommunen und der Gelsenwasser AG für die öffentliche Wasserversorgung betrieben.

Über die westdeutschen Kanäle kann bei ausreichender Wasserführung der Lippe in Hamm-Herringen Flußwasser in das Kanalsystem eingespeist werden. Dieses steht dann hauptsächlich der Industrie als Brauchwasser und der Gelsenwasser AG über den Fluß Stever für die Grundwasseranreicherung im Wasserwerk Haltern zur Verfügung. Bei Niedrigwasser der Lippe kann über die sogenannten Rückpumpwerke an den Schleusenstufen Wasser aus Rhein und Ruhr bis in die Scheitelhaltung der Kanäle gepumpt werden. Von dort steht es u. a. für die Niedrigwasseraufhöhung in der Lippe zur Verfügung.

❷ *Essen-Karnap (Karnaper Straße/Lohwiese)*
Um möglichst nah an das Emscherbett zu gelangen, wurde dieser Standort gewählt.

Sehr früh bereits rückte neben der Notwendigkeit einer gesicherten Wasserversorgung für das RWI auch die der geordneten Abwasserbeseitigung in das Bewußtsein der Verantwortlichen. Während in den Einzugsgebieten von Ruhr und Lippe kommunale und industrielle Abwässer in dezentralen Anlagen behandelt wurden, ging man an der Emscher den Weg der zentralen Behandlung mit dezentraler Vorbehandlung und Geruchsstoffbeseitigung. 1904 wurde die Emschergenossenschaft gegründet, die sich aus den Städten, Gemeinden und Kreisen im Einzugsgebiet sowie den Eigentümern der Bergwerke und gewerblichen Unternehmen sowie den Eigentümern von Grundstücken, Verkehrsanlagen und sonstigen Anlagen ab einer bestimmten Größe zusammensetzt. In der Fassung des Gesetzes über die Emschergenossenschaft von 1990 sind im wesentlichen folgende Aufgaben definiert:
– Regelung des Wasserabflusses und Sicherung des Hochwasserabflusses,
– Unterhaltung oberirdischer Gewässer,
– Rückführung ausgebauter oberirdischer Gewässer in einen naturnahen Zustand,
– Regelung des Grundwasserstandes,
– Vermeidung, Minderung und Beseitigung wasserwirtschaftlich nachteiliger Veränderungen insbesondere durch den Steinkohlebergbau,
– Abwasserbeseitigung.
Seit Anfang der 1980er Jahre wird das System der zentralen Abwasserbehandlung mit der Emscher und den Nebenbächen als offene Abwassersammlung zugunsten renaturierter Wasserläufe umgebaut.

Die Abwässer werden in sechs dezentralen Kläranlagen behandelt. Neben der optischen und ökologischen Verbesserung der Gewässer in der Region wird auch das Flußgebiet des Rheines bei Hochwasser deutlich entlastet. Der starke Versiegelungsgrad im RWI mit schneller, direkter Ableitung der Niederschläge führte zu steilen Abflußspitzen, die nunmehr durch eine verbesserte Rückhaltung im Einzugsgebiet der Emscher abgeflacht werden sollen.

❸ *Bottrop-Ebel (Haßlacher Straße/Ebelstraße)*
Auch heute noch führen die Bergsenkungen neben anderen Schadbildern, z. B. an Gebäuden, zu beachtlichen Störungen im Abfluß der Bäche und Gräben. Die dichte Besiedlung im Industriegebiet und die zum Teil unzureichende Wasserqualität läßt es in der Regel nicht zu, daß Feuchtgebiete entstehen können. Der Aufwand für eine dauerhafte Entwässerung des RWI ist immens.

❹ *Gladbeck-Scholven (Bergehalde an der Feldhauser Straße)*
Kosten- und Umweltbewußtsein haben dazu beigetragen, daß Bürger und Verwaltungen sowie Architekten und Ingenieure heute anders mit dem Niederschlagswasser umgehen wollen. Das gemeinsame Ziel ist unstrittig, die Wege dorthin jedoch vielfältig und von Wollen sowie Gegebenheiten im einzelnen abhängig. Generell angebotene Standardlösungen müssen auf ihre jeweilige Tauglichkeit hin überpüft werden. Ist die Motivation zum Handeln auf persönliche Überlegungen zur Wirtschaftlichkeit, oder – deutlicher ausgedrückt – auf direkten geldwerten Vorteil ausgerichtet, so greift sie zu kurz und ist nicht von langer Dauer. Wir alle sind verpflichtet, für die Zukunftsfähigkeit unseres Handelns zu sorgen. Dies wird in der Übergangsphase von alten zu neuen Systemen nicht selten mit zusätzlichen Finanzaufwendungen verbunden sein.

Niederschlagswasser hat heute auch im Ruhrgebiet seinen festen Platz bei wasserwirtschaftlichen Erwägungen zurückerobert, so z. B.
– in der Stadtgestaltung,
– bei der Verbesserung des Stadtklimas,
– bei der Objekt- und Freiraumgestaltung,
– in Industrie und Handwerk für Brauchwasser,
– im Privatbereich, insbesondere in Gärten und Parkanlagen.
Durch geeignete Gestaltung der Oberflächen kann man die zu bewirtschaftenden Niederschlagsmengen deutlich verringern. Hilfreich dazu sind z. B.:
– Vermeidung von Versiegelungen,
– notwendige Flächenbefestigungen mit durchlässigem Material,
– Entwässerung der Verkehrs- und Dachflächen in angrenzendes Grün,
– Dachbegrünung zur Erhöhung der Verdunstung und Verminderung bzw. Verzögerung des Abflusses.
Kritisch zu hinterfragen ist die Verwendung von Niederschlagswasser im Haushalt. Auch hier sollten zunächst Vermeidungs-/Einsparpotentiale voll ausgeschöpft werden. Die Verringerung des täglichen Wasserbedarfs auf 80 l je Einwohner ist machbar! Beim Bau einer Zisternenanlage muß diese zwingend so groß dimensioniert werden, daß sie für die Versorgung des Objektes auch in längeren Trockenzeiten si-

cher ausreicht. Das Einspeisen von Leitungswasser aus der öffentlichen Wasserversorgung in dieses System muß unterbleiben, da anderenfalls die persönliche Versorgungssicherheit zu Lasten der Allgemeinheit geht: Die Abgabespitzen der Wasserversorgungsunternehmen werden steiler; es müssen im Verhältnis zur Grundlast deutlich mehr Reserveanlagen vorgehalten werden. Selbstverständlich sollte sein, daß der Betreiber einer Zisternenanlage für das im Haushalt genutzte Regenwasser auch die entsprechende Abwassergebühr entrichtet.

❺ *Haltern (Wasserwerkstraße)*
Der Gesamtumsatz des deutschen Wassermarktes belief sich 1997 auf ca. 16,5 Mio. DM, verteilt auf ca. 7 000 Unternehmen. Allein der französische Konzern VIVENDI erzielte 1998 mit dem Bereich Wasser / Abwasser einen Umsatz von 13,1 Mrd. DM. Seit mehreren Jahren findet man in der einschlägigen Fachpresse immer wieder kurze Hinweise darauf, daß im Wasser- / Abwassersektor Übernahmen stattgefunden haben, Kooperationen und Fusionen vereinbart wurden, sich ausländi-

Abb. 27: Wasserriesen

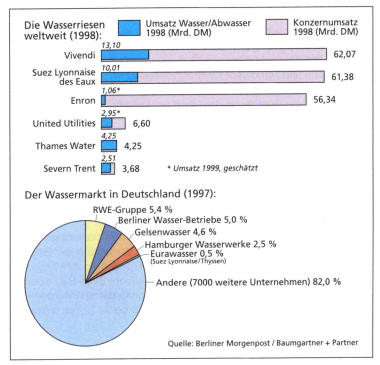

schen Firmen in der deutschen Wasserwirtschaft engagierten und deutsche Firmen innerhalb und außerhalb der EU sich neue Märkte auf diesem Sektor erschlossen. Es zeichnet sich eine interessante Strukturveränderung in der deutschen Wasserwirtschaft ab, deren Folgen zur Zeit nicht konkret zu benennen sind, aber Anlaß zu mancher Spekulation geben.

❻ *Hamm (Nienbrügger Weg)*
❼ *Bergkamen (Parkplatz Waldstraße)*
An den Standorten Hamm und Bergkamen sollen die aktuellen Entwässerungstechniken demonstriert werden.

Die heutigen Entwässerungstechniken unserer Städte sind das Ergebnis einer mehr als hundertjährigen Entwicklung. Zum Schutz vor immer wieder auftretenden Seuchen mußte das Abwasser schnell und sicher aus den Siedlungen herausgeleitet werden. Erst in den 1960er Jahren wurden diese Kanalisationen konsequent an Kläranlagen angeschlossen.

Niederschlagswasser war früher häufig durch die Stäube und Gase von Hausbrand und Industrie, aber auch durch die Verschmutzung von Dächern und Straßen so stark belastet, daß es ebenfalls gereinigt werden mußte, bevor es weitgehend schadlos in ein Gewässer eingeleitet werden konnte.

Heute weist das Niederschlagswasser eine deutlich bessere Qualität auf. Noch vorhandene Verunreinigungen können herausgefiltert werden, wenn der Regen durch den belebten und bewachsenen Oberboden sickert. Es ist daher nicht mehr notwendig, die Niederschläge getrennt oder zusammen mit den Abwässern abzuleiten und zentral zu reinigen. Regen kann und sollte ortsnah in den Untergrund versickert oder einem nahen Gewässer zugeleitet werden. Der durch Bebauung und Flächenversiegelung unterbrochene natürliche Wasserkreislauf kann durch diese Maßnahmen wieder wirkungsvoll geschlossen werden.

Der nachhaltige Umgang mit Niederschlagswasser bietet den Städteplanern und Landschaftsgestaltern neue gestalterische Möglichkeiten. Dieser Umgang erfordert aber auch einen Umdenkungsprozeß in Bevölkerung und Politik, indem bisherige Denkschemata überdacht werden und neuen Endgedanken positiv begegnet wird.
Techniker und Gestalter haben phantasievolle Ideen entwickelt, wie man mit dem Niederschlagswasser in der Siedlung sinnvoll umgehen kann. Dieses sind z.B.:
– Flache und geneigte Dächer können begrünt werden. Dadurch wird die Verdunstung gesteigert und Wasser im Substrat gespeichert.
– Zur Versickerung in den Boden sind mehrere Techniken entwickelt

worden. Die wohl bekannteste ist das Mulden-Regolen-System, bei dem eine oberirdische Mulde als Speicherraum dient und die unterirdische Regole die Versickerung fördert. Stilarten sind hier keine Gren-zen gesetzt. – Unbedingt notwendige Flächenbefestigungen sollten so angelegt werden, daß Niederschläge direkt in den Untergrund versickern können. Begleitende tieferliegende Grünstreifen sollten das überschüssige Wasser aufnehmen können.
- Öffentliche Grünanlagen und private Gärten müssen zukünftig so gestaltet werden, daß sie ohne Minderung ihrer bisherigen Nutzungsqualitäten zusätzlich der Funktion der Niederschlagsversickerung gerecht werden. Entgegen mancher Behauptung ist dieses möglich!
- Zahlreiche Empfehlung und Regelwerke haben sich mit dem zukunftsfähigen Umgang mit Niederschlagswasser befaßt und technisch sichere Eckdaten erarbeitet. Nicht selten gerät daher bei der Ausührung solcher Anlagen die einfachste und natürlichste Lösung in Vergessenheit: Der freie Auslauf des Regenwassers in den Garten.

Exkursion 16

Entwicklung der Umweltprobleme im Ruhrgebiet

J. Herget, S. Harnischmacher und H. Zepp

Exkursionsroute (ab Duisburg eintägige Bus- oder Autoexkursion, ca. 60 km, ab Bochum Hbf. ca. 35 km):
(Universität Duisburg – Duisburg Hbf.–) Witten-Bommern – Kemnader See – Bochum-Langendreer – Gelsenkirchen-Resse – Castrop-Rauxel-Habinghorst

Exkursionsinhalt:
Muttental (Wiege des Steinkohlebergbaus im Ruhrgebiet) – Verlandung des Kemnader Sees (eingeschränkte Nutzbarkeit eines Naherholungsgebietes) – Ex-Zeche Robert Müser (Altlasten, Sümpfungswässer) – Deininghauser Mühlenbach (Fließgewässerrenaturierung)

Foto 28: Naturnah umgestalteter Abschnitt des Deininghauser Baches in Castrop-Rauxel

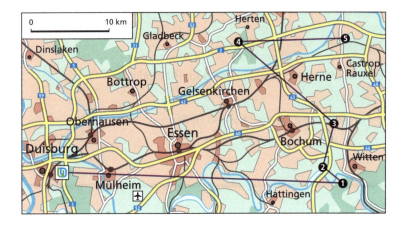

"Blauer Himmel über der Ruhr" – seit diesem Wahlkampfslogan aus den 1960er Jahren hat sich viel an den Umweltbedingungen im Ruhrgebiet verändert. Als Folge der Umstrukturierung vom montan geprägten Zentrum der Schwerindustrie zum modern strukturierten und zukunftsfähigen Ballungsraum haben sich sowohl die Umweltbelastungen als auch die Ansprüche an die Umweltqualität gewandelt. Die Exkursion will die vielfältigen Aspekte des Themas exemplarisch veranschaulichen. Ausgehend von der Wiege des Steinkohlenbergbaus im Ruhrgebiet im Muttental bei Witten-Bommern führt die Route entlang des Kemnader Sees zu den Spuren vergangener Großzechen. Durch die Bergsenkungen als Folge des Abbaus unter Tage, die Hebung von Sümpfungswässern und durch den Umbau der Fließgewässer in Abwässerkanäle sind der Wasserhaushalt im Ruhrgebiet insgesamt, besonders die Ökologie zahlreicher Flüsse und Bäche nachhaltig beeinträchtigt. Die Exkursionsroute führt zu Standorten, die einen Überblick über die Entwicklung der Umweltprobleme im Ruhrgebiet von den Anfängen der Industrialisierung bis in die jüngste Zeit erlauben und die Anstrengungen zur Verbesserung der Umweltqualität sichtbar machen.

❶ *Witten-Bommern: Muttental*
Ungefähr seit dem Jahre 1000 wird an den Ufern der Ruhr nach Kohle gegraben. Im Bereich des Ruhrtals streichen die flözführenden Schichten des Oberkarbons an der Erdoberfläche aus. Zwischen dem Ruhrtal und der heutigen Bochumer Innenstadt setzt die Überdeckung durch kreidezeitliche Mergel ein, die nach Norden hin zunehmende Mächtigkeit annehmen und bewirken, daß im heute aktiven Abbaubereich

nördlich der Lippe die Abbautiefen bei über 800 m liegen. Der Abbau der Steinkohle geschah zunächst durch örtliche Bauern im Nebenerwerb, indem Pingen, einfache Gruben an der Erdoberfläche, angelegt und die Kohle abgebaut wurde. Sobald sich die Pingen mit Grundwasser gefüllt hatten oder die Wände wegen Übertiefung eingestürzt waren, wurde direkt daneben der nächste Abbau in Angriff genommen. Die damit einhergehende Verwüstung der Landstriche führte zu einer ersten Reglementierung der Abbaurechte im Raum Witten im Jahre 1578.

Von den Hängen her wurden im nächsten Entwicklungsschritt Stollen in den Berg zu den Kohleflözen vorgetrieben. Zusätzlich wurde in der Talsohle ein sogenannter Erbstollen zur Entwässerung des darüberliegenden Gebirges angelegt. Die Inhaltsstoffe im so geförderten Grundwasser reagieren mit dem Sauerstoff der Atmosphäre, so daß es zur Ausfällung von vorher gelösten Stoffen, wie Eisen und Mangan, in den Fließgewässern kommt. Das Wasser wird dadurch trübe bis dunkel und hinterläßt eine farbige Spur an den Säumen der Gerinne.

Wie sonst nirgendwo im Ruhrgebiet sind im Muttental auf engem Raum die Zeugnisse einer jahrhundertelangen Bergbautradition erhalten geblieben. Sie sind durch einen 9 km langen Rundweg erschlossen. Die Zeche Nachtigall (Zweigstelle des westfälischen Industriemuseums) war die erste Grube südlich der Ruhr, die 1832 eine Dampfmaschine zur Wasserhaltung einsetzte und so Kohle im Tiefbau gewinnen konnte. Dieser Standort an der Wiege des Steinkohlenbergbaus im Ruhrgebiet macht deutlich, daß ohne das "Schwarze Gold" eine Entwicklung zu einem der weltweit größten und historisch bedeutendsten schwerindustriellen Ballungsräume nicht möglich gewesen wäre. Letztendlich haben auch viele aktuelle Umweltprobleme hier ihre Wurzeln.

❷ *Kemnader See*
Der 1979 fertiggestellte 3 Mio. m^3 große Stausee im Ruhrtal zwischen Witten und Bochum ist mit den Zielen, der Naherholung für das angrenzende Ruhrgebiet sowie der natürlichen Zwischenreinigung des Ruhrwassers zu dienen, als letzter in einer Reihe von Stauseen im unteren Ruhrtal gebaut worden. Die Freizeitzentrum Kemnade GmbH ist ein Unternehmen der angrenzenden Kommunen sowie des Kommunalverbandes Ruhrgebiet und des Ruhrverbandes. Zahlreiche Spiel- und Grillplätze, Gaststätten sowie ein Bootsverleih und ein Freizeitbad sind durch ein dichtes Netz von Fuß- und Radwegen sowie Ausflugsboote miteinander verbunden. Dieses Angebot wird von der Bevölkerung der Region so gut angenommen, daß 1999 die östliche Zufahrtsmöglichkeit ausgebaut werden mußte.

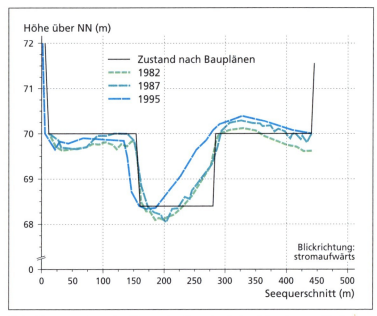

Abb. 28: Verlandung des Kemnader Sees im Ruhrtal (nach verschiedenen Aufzeichnungen der Fakultät für Bauingenieurwesen der Ruhr-Universität Bochum)

Der See ist jedoch durch den ständigen Sedimenteintrag durch die Ruhr stark in seinem Bestand gefährdet. Der jährliche Eintrag von rund 127 000 t Sand, Schluff und Kies hat bei einem Austrag von rund 62 000 t/a in den vergangenen 20 Jahren zur Bildung einer stetig wachsenden Insel im Bereich der Ruhrmündung und einer deutlichen Verringerung der Seetiefe geführt, die insbesondere die Fahrgastschiffahrt, aber auch die Regattarinne der Segelsportler beeinflußt (Abb. 28). Bei einem mittleren Eintrag von 4 cm pro Jahr, wie er für die Seen im unteren Ruhrtal typisch ist, hat der Kemnader See noch eine Lebenserwartung von rund 80 Jahren, ehe die völlige Verlandung eingetreten ist.

Die Weiterverwendung der ausgebaggerten Sedimente aus dem Seebecken ist durch deren Schadstoffgehalt erschwert. Die berechtigte Verschärfung der Umweltgesetzgebung hat zur Folge, daß die Behandlung des Baggergutes nicht mehr nach wasserrechtlichen, sondern nach abfallrechtlichen Kriterien erfolgen muß, was die Kosten für derartige Maßnahmen schnell in den mehrstelligen Millionenbereich treibt.

In seiner Funktion als Naherholungsgebiet ist der Landschaftspark des Kemnader Sees ein wichtiger weicher Standortfaktor zur Imageverbesserung des altindustrialisierten südlichen Ruhrgebietes. Daß es auch hier Probleme gibt, ihn zu erhalten, veranschaulicht die aktuelle Spannweite des Themas.

❸ *Zeche Robert Müser in Bochum Langendreer*
Durch Zusammenlegung mehrerer kleinerer Zechen wurde 1929 im Bochumer Osten die Großschachtanlage Robert Müser gegründet; bis in die 1960er Jahre wurden weitere Anlagen integriert. Zeitweise förderten mehr als 7 000 Beschäftigte jährlich bis zu 1,6 Mio. t Kohle und erzeugten knapp 1 Mio. t Koks. Zusammen mit den kohlechemischen Betrieben ist die Anlage 1968 stillgelegt und anschließend abgebaut worden.

In dem einzig verbliebenen Schacht Arnold wird noch heute aus mehreren hundert Metern Tiefe Grubenwasser gefördert. Problematisch ist jedoch auch hier der Chemismus des Wassers. Das sehr warme, sauerstoffreie und stark salzhaltige Wasser läßt sich in den geförderten Mengen nicht reinigen und muß so direkt in den Vorfluter abgegeben werden. Um die Ruhr zu entlasten, die der Trinkwasserversorgung weiter Teile des Ruhrgebietes dient, sind die Einleitungen in den letzten Jahrzehnten drastisch reduziert worden. Sie lassen sich jedoch nicht vollständig vermeiden, so daß hier eine Belastung der Wasserqualität auch zukünftig unvermeidbar bleiben wird.

Eine der Voraussetzungen für einen erfolgreichen Strukturwandel im Ruhrgebiet ist die Bereitstellung von Grundstücken für die Ansiedlung neuer Industrie- und Wirtschaftszweige, für das Wohnen und die Anlage von Grünflächen und Parks, um die Lebensqualität und Attraktivität zu steigern. Seit 1966 sind im Ruhrgebiet 52 Schachtanlagen und 14 Kleinzechen stillgelegt worden. Als Folge dieser Stillegungen hat allein die Ruhrkohle AG rund 40 Mio. m^2 für Folgenutzungen bereitgestellt. Zuvor mußten jedoch die oft tiefreichenden Kontaminationen des Bodens an den jeweiligen Altstandorten beseitigt oder gesichert werden. Im Fall der Großschachtanlage Robert Müser ist dies durch eine dort installierte Bodenwaschanlage geschehen. Bis heute gestaltet sich die Folgenutzung der Fläche jedoch als problematisch, da – durch die historische Entwicklung bedingt – die Wohnbebauung unmittelbar an den neu zu nutzenden Altstandort angrenzt. Wirtschaftsbetriebe erzeugen zwangsläufig Verkehr und Lärm, der im Rahmen des Immissionsschutzes nicht hinnehmbar ist. So verhindert der Abstandserlaß eine entsprechende Folgenutzung. Daher ist bis heute nicht die gesamte zur Verfügung stehende Fläche gewerblich genutzt.

Obwohl Altlasten kein spezielles Phänomen des Ruhrgebietes sind, ist ihre Verbreitungsdichte für viele Kommunen ein schweres Erbe der Vergangenheit. Demgegenüber stellt die Förderung von Sümpfungswässern ein spezifisch bergbaubedingtes Problem der Region dar, mit dem man sich auch nach Beendigung des Steinkohlebergbaus beschäftigen muß, zumal verschiedene aufgelassene Bergwerke zur untertägigen Verbringung von Reststoffen genutzt wurden.

❹ *Bergsenkungsgebiet Gelsenkirchen-Resse*
In Gebieten, in denen der Bergbau über Jahrzehnte tätig war, sind über den Abbaufeldern ausgedehnte Bergsenkungsgebiete entstanden. Vielfach haben diese Flächen keinen natürlichen Abfluß in die Gewässer mehr. Solche Poldergebiete machen rund 38 % der Gesamtfläche des Industriereviers an der Emscher aus. Um solche Regionen wasserwirtschaftlich funktionsfähig und als Siedlungsraum zu erhalten, sind zahlreiche permanent arbeitende Pumpwerke erforderlich. Ihr Standort ist jeweils der tiefste Punkt einer Senkung. Fließt auch ein Wasserlauf durch ein solches Senkungsgebiet, kann das Gewässer zum Stehen kommen oder sogar rückwärts fließen. Abhilfe schaffen sogenannte Bachpumpwerke, die das Wasser zum Rand des Senkungsgebietes fördern. Auch die Emscher selbst ist aufgrund der Bergsenkungen im Mündungsgebiet zweimal verlegt worden: 1909 von Duisburg-Alsum nach Walsum, 1949 nach Dinslaken. An der ursprünglichen Mündung ist noch heute das Pumpwerk Duisburg-Alte Emscher, die älteste Anlage überhaupt (1914), in Betrieb. Insgesamt betreibt die Emschergenossenschaft 95 und der Lippeverband 52 Entwässerungspumpwerke. Deren Kosten trägt der Bergbau als Verursacher.

In diesen weiträumigen Bergsenkungsgebieten sind durch die Pumptätigkeit Ewigkeitslasten entstanden, denn solange weite Teile des zentralen Ruhrgebietes besiedelt sind, muß hier das Grund- und Oberflächenwasser abgepumpt werden.

❺ *Deininghauser Bach in Castrop-Rauxel-Habinghorst*
Seit Gründung der Emschergenossenschaft im Jahr 1899 wurden in den Bergbaugebieten des Industriereviers Wasserläufe mit mehr als 300 km Gesamtlänge technisch ausgebaut, d. h. begradigt und im Profil verengt. Um Gefälle zu schaffen oder zu erhalten, wurden Gewässer teils vertieft, teils die Sohlen angehoben und die Wasserläufe, die nun über dem Höhenniveau des abgesunkenen Umlandes lagen, in Deiche gefaßt. Bei fortschreitenden Senkungen mußten manche Gewässer im Laufe von Jahrzehnten mehrmals wiederhergestellt werden. Wo nach dem Ende des Kohleabbaus keine Bergsenkungen mehr zu erwarten sind, können heute unterirdische

Abwasserkanäle gebaut und die ehemals technisch ausgebauten Wasserläufe wieder in naturnahe Gewässer umgestaltet werden.

Der naturnahe Umbau des 9,5 km langen Deininghauser Baches ist das bislang größte und umfassendste Einzelprojekt einer Gewässerumgestaltung innerhalb des Emscher-Systems. Der Wasserlauf wurde in den 1920er und 1930er Jahren verlegt und zum offenen Abwasserkanal ausgebaut. Im Interesse einer raschen Ableitung großer Wassermengen bei starken Regenfällen erhielt der Bach Sohlschalen aus Beton und ein V-förmiges Gewässerprofil mit steilen Böschungen. Abschnittsweise wurden seit 1992 zunächst insgesamt 16,5 km unterirdische Abwasserkanäle gebaut. Danach wird der Bachlauf naturnah gestaltet bzw. der verrohrte Teil wieder freigelegt und für die Bevölkerung über Wege erschlossen. Der tiefe Gewässereinschnitt wird durch die Anhebung der Gewässersohle rückgängig gemacht, zumindest soweit der Hochwasserschutz dies zuläßt. Steile Böschungen werden abgeflacht. Ziele der Umgestaltung sind eine ökologische Verbesserung und die Integration des Gewässers in das Stadt- und Landschaftsbild. Für die bis ca. 2003 laufende Umgestaltung des Wasserlaufs werden Kosten von 44 Mio. DM und für den Bau der erforderlichen Kanäle, Pumpwerke, Regenbecken von 82 Mio. DM kalkuliert. Insgesamt 8,7 Mrd. DM wendet die Emschergenossenschaft für dezentrale Kläranlagen, unterirdische Kanäle und Regenbecken sowie für den Umbau der Gewässer auf. Die Kosten verteilen sich auf einen Zeitraum von 25 bis 30 Jahren und werden von den Städten, der Industrie und dem Bergbau getragen.

Exkursion 17

Die Haldenproblematik im Ruhrgebiet

G. Winzig

Exkursionsroute (eintägige Bus- oder Autoexkursion, ca. 130 km):
(Universität Duisburg – Duisburg Hbf. –) Landschaftspark-Nord in Duisburg-Meiderich – Rekultivierungsversuch in Essen-Karnap – Bergehalden-Rekultivierungsversuch in Waltrop

Exkursionsinhalte:
1. Eigenschaften einer Industriebrache der Eisenhüttenindustrie unter dem Aspekt des möglichen Austrages belasteter Stäube
2. Eigenschaften und Rekultivierbarkeit von Kokereischadstoffen (Teerölen) gereinigten Böden: Beispiel Freiversuchsfläche ehemalige Zeche / Kokerei Mathias Stinnes
3. Ökologische Methoden zur Etablierung einer stabilen Pflanzengesellschaft auf Bergematerial: Versuchsbergehalde Waltrop

Foto 29: Rekultivierungsversuch eines thermisch gereinigten Kokereibodens auf dem ehemaligen Gelände der Zeche / Kokerei Mathias Stinnes in Essen

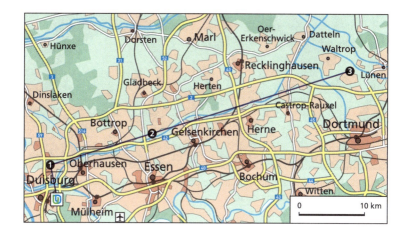

❶ *Landschaftspark-Nord in Duisburg-Meiderich*

Unter natürlichen Bedingungen entstehen Stäube durch chemische und physikalische Verwitterungsprozesse. In urban-industriellen Verdichtungsräumen sind es dagegen überwiegend technisch-chemische und mechanische Prozesse, die Staubpartikeln freisetzen.

Stäube können in Abhängigkeit von der Kontamination
– eine Gefährdung der Atemluft durch teilweise lungengängige Partikeln und die darin enthaltenen Schadstoffe sowie
– eine Gefährdung von benachbarten unbelasteten Böden durch den Eintrag von Schadstoffen mit sich bringen.

Zu dieser Problematik wurden auf einer Industriebrache der ehemals sehr emissionsstarken Hüttenindustrie im Ruhrgebiet deponierte Stäube untersucht (siehe auch Abb. 29). Das Untersuchungsgebiet umfaßte dabei die zu einem benachbarten Eisenhüttenwerk gehörige Fläche einer über mehrere Jahrzehnte bis 1993 in Betrieb gewesenen Ferromanganbrech- und -siebanlage und Masselgießerei. Dort liegen trotz der ehemaligen Absaug- und Filteranlagen noch verbreitet zentimeterdicke Staubablagerungen und -verkrustungen vor.

Aus den obersten Schichten wurden Bodenproben im Zentimeterbereich entnommen und dann weiter auf Partikelgröße und den Gesamt-Schadstoffgehalt (Königswasseraufschluß) untersucht.

Ergebnisse

Das Partikelgrößenspektrum der absedimentierten Stäube ergab, daß sich die Maxima im wesentlichen in den Größenordnungen der Grobschluff- (0,02 – 0,06 mm ø) bis Mittelsandfraktion (0,2 bis

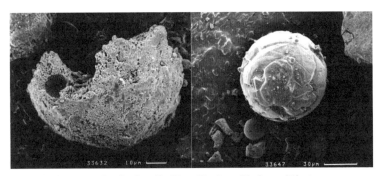

Abb. 29: Eisen- und schadstoffhaltige Staubpartikeln emittiert von der Eisenhüttenindustrie

0,6 mm ø) bewegen. Diese also vorwiegend dem Grobstaub zuzuordnenden Partikeln lassen sich gut verwehen, haben aber nur geringe humantoxikologische Relevanz, da sie nicht lungengängig sind, wenngleich auch hohe Schadstoffgehalte darin gemessen werden konnten.

Gegen eine Resuspension der Stäube sprechen das hohe Wasserhaltevermögen und die guten Begrünungsbedingungen der Schluffe. Zusätzlich auftretende Verkittungsprozesse (durch Oxydation des Eisens und Mangans) binden sich die Staubkörner so fest aneinander, daß diese vor Resuspension geschützt sind.

Durch die örtlichen klimatischen Gegebenheiten sind die aerodynamischen Voraussetzungen für die Erosion und damit die Resuspension des schon deponierten Materials nicht sehr häufig gegeben. Bei einem Winderosionsereignis wird der Staub aufgrund der großen Partikelgröße und niedriger effektiver Quellhöhe nur in geringen Höhen transportiert und zusätzlich rasch an Hindernissen (die auf vielen Industriebrachen in Form von Gebäuden oder Pflanzen zahlreich vertreten sind) wieder abgefangen werden.

Letztlich kann man davon ausgehen, daß die Resuspension belasteter Stäube und damit die Gefahren durch die Ferromanganbrech- und -siebanlage als gering eingestuft werden können.

❷ *Rekultivierungsversuch in Essen-Karnap*
Ein besonderes Problem bei der Sanierung gewerblich-industriell überformter Flächen stellen häufig alte Kokerei- und Gaswerkstandorte dar, die Bodenkontaminationen mit organischen Schadstoffen – vorwiegend polyzyklische aromatische Kohlenwasserstoffe (PAK), Benzol, Toluol, Xylol, polychlorierte Biphenyle (PCB) oder Mineral- und Teerölschlammgemische – aufweisen. Zur Sanierung solcher schad-

stoffbelasteter Böden kommen vorwiegend waschextraktive und mikrobiologische Verfahren zum Einsatz. Böden die mit diesen Verfahren nicht gereinigt werden können, weil sie einen zu hohen Ton- und Schluffanteil sowie mikrobiologisch noch nicht abbaubare organische Verbindungen (z. B. PAKs mit mehr als 4 kondensierten Benzolringen) aufweisen, werden in thermischen Reinigungsanlagen behandelt. Es werden hierbei Niedertemperatur- (350 – 600 °C) oder Hochtemperaturverfahren (800 – 1 200 °C) eingesetzt. Die Wirkung der thermischen Reinigung beruht dabei auf den Verdampfungs- und Zersetzungstemperaturen organischer Substanzen. Als Folge der thermischen Bodenreinigung wird der Ausgangsboden in seinen chemischen, physikalischen und biologischen Eigenschaften verändert.

Im Gegensatz zu der Hochtemperaturbodenreinigung, welche die Bodeneigenschaften besonders stark verändert, steht mit dem Niedertemperaturverfahren eine Technik zur Verfügung, welche ein gereinigtes Bodensubstrat erzeugt, das in der Lage ist, höheren Pflanzen, Tieren und Menschen als Standort und Lebensgrundlage zu dienen.

Feldversuch

Ziel der nachfolgend näher ausgeführten Untersuchungen war es, festzustellen, welche zusätzlichen Maßnahmen erforderlich sind, um eine erfolgreiche Rekultivierung des gereinigten Bodenmaterials zu gewährleisten. Hierzu wurde auf dem Gelände der ehemaligen Kokerei und Zeche Mathias Stinnes in Essen 1989 ein Feldversuch durchgeführt (Foto 29). Sowohl im Freiland als auch im Labor wurden bodenphysikalische, bodenmikrobiologische sowie chemische und physikochemische Parameter untersucht.

Zur Anlage eines Feldversuches wurde das thermisch gereinigte Bodensubstrat im Juni 1989 etwa 1 m mächtig aufgeschüttet und mit einer Raupe planiert, wodurch der Boden gleichzeitig verdichtet wurde. Die Vegetationsvarianten waren Begrünung durch Anflug (0-Variante), Ansaat von Lupinen, Kleegrasgemisch und Gras. Die Vegetationsparzellen wurden weiter durch die Düngungsvarianten (Mineraldüngung – N: 5 g/m^2, P: 9 g/m^2, Kompostgabe – 300 g/m^2 sowie "unbehandelt: 00-Variante") unterteilt (Abb. 30). Im Sommer 1990 wurde der Lupinenaufwuchs in den Boden eingearbeitet und eine Graseinsaat vorgenommen. Da die Eigenschaften des gereinigten Bodenmaterials durch Düngung nicht überdeckt werden sollten, wurde die mineralische Düngung knapp bemessen, so daß diese nur als Ergänzung zum vorhandenen Nährstoffgehalt zu betrachten ist. Die Kompostgabe, die vor der Bodenbearbeitung ausgestreut und anschließend eingefräst wurde, verfolgte den Zweck einer Verbesserung

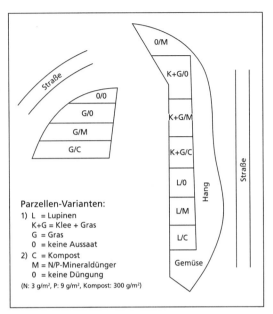

Abb. 30:
Anlage des Feldversuches zur Rekultivierung von thermisch gereinigtem Bodenmaterial in Essen-Karnap

des Bodengefüges, der Erhöhung der Wasserspeicherkapazität sowie einer gleichzeitigen Nährstoffversorgung.

Ergebnisse
Zusammenfassend kann festgestellt werden, daß das Niedertemperatur-Bodenreinigungsverfahren die physikalischen und chemischen Bodeneigenschaften weitgehend erhält. Zur Verwendung des gereinigten Bodensubstrates als Pflanzenstandort und zur Eingliederung in die Landschaft sind jedoch weitere Bodenverbesserungsmaßnahmen erforderlich. Zur Verminderung der Erosionsanfälligkeit, Verbesserung der Wasserhaltekapazität und Nährstoffversorgung für einen Pflanzenaufwuchs sowie zur Ansiedlung von Bodenmikroorganismen hat sich eine Einbringung organischer Substanz – in Form von Kompost – als notwendig erwiesen. Darüberhinaus sollten technische Verbesserungen beim Reinigungsverfahren vorgenommen werden, um die Salzanreicherung im gereinigten Bodensubstrat zu unterbinden.

❸ *Bergehalden-Rekultivierungsversuch in Waltrop*
Beim Steinkohlenbergbau fallen heute etwa 50 % des geförderten Volumens als nicht wirtschaftlich verwertbares Nebengestein (v. a. Ton-, Schluff- und Sandsteine mit unterschiedlichen Anteilen an Restkohle =

Bergematerial) an. Im Ruhrgebiet beträgt der jährliche Bergematerialanfall etwa 50 Mio. t, von denen etwa 36 Mio. t pro Jahr auf zum Teil bis zu 100 m hohe Halden aufgeschüttet werden. Derzeit existieren im Ruhrgebiet etwa 300 Bergehalden, die eine Grundfläche von mehr als 25 km^2 beanspruchen.

Das frisch geschüttete Bergematerial ist dadurch gekennzeichnet, daß nur wenig mineralische Feinsubstanz mit < 2 mm Durchmesser und keine Humusstoffe vorliegen, so daß sowohl die Wasserspeicherfähigkeit als auch das Adsorptionsvermögen für Nährstoffe sehr gering sind. Durch die Oxydation von im Bergematerial vorliegenden Eisensulfiden wird darüberhinaus Schwefelsäure gebildet und freigesetzt, welche zu einer pH-Absenkung in den Bergehaldenrohböden führt. Aufgrund des ungünstigen Wasserhaushaltes, des geringen Nährstoffvorrates bei gleichzeitig fortschreitender Versauerung und wegen starker Temperaturschwankungen im Tagesverlauf stellen die Steinkohlenbergehalden für eine Vegetation und die autochthone Humusbildung als Prozeß der Bodenentwicklung einen sehr ungünstigen Standort dar. Charakteristisch für das Ruhrgebiet sind somit häufig schwarze Haldenkörper mit fehlender Krautvegetation und allenfalls lichter Birkenbestockung. Um die Wuchsbedingungen für eine Begrünung zu verbessern, werden neue Bergehalden nach einer Rundverfügung des Landesoberbergamtes NRW (1985) mit kulturfähigem Bodenmaterial und organischer Substanz bis auf maximal 2 m Tiefe durchmischt. Zur Überprüfung der Wirksamkeit der vorgeschriebenen Rekultivierungsmaßnahmen und zur Ableitung weiterer (Düngungs-) Maßnahmen wurde eine "Versuchsbergehalde" in Waltrop eingerichtet.

Ziel der Langzeituntersuchungen ist auch, festzustellen, ob eine "Übererdung" oder eine tiefreichendere Vermischung des Bergematerials mit Boden erforderlich ist, wenn eine stabile Begrünung über eine gelenkte pflanzensoziologische Sukzession erreicht werden soll.

Bei der im SE der Stadt Waltrop gelegenen Versuchsbergehalde Waltrop (Top. Karte der BRD 1 : 25 000, Blatt 4310 Datteln, r 25 98 800, h 57 21 400) wurde für einen etwa 1 ha großen Begrünungsversuch aus zwei unterschiedlichen Zechen stammendes Bergematerial (Achenbachberge: Parzellen 1 – 35 und Monopolberge: Parzellen 36 – 70) abgelagert. In Tabelle 1 sind verschiedene Kennwerte zur Charakterisierung der unterschiedlichen Eigenschaften der reinen Bergematerialien aufgeführt, welche nach Anlage der Versuchsbergehalde 1986 ermittelt wurden. Von den nachfolgend untersuchten Testflächen wurden jeweils die Parzellen 7 und 67 mit 5 l/m^2 Quarzsand (zur Fixierung des Saatgutes auf der Parzelle) sowie die Flächen 17 und 52 mit 5 cm sandigem Lehm (sL) abgedeckt. Die Versuchsflächen 22 – 49 bestehen aus einer Mischkultur aus Bergematerial und sandigem

Kennwert	Bergematerial von	
	Achenbachberge	Monopolberge
Skelett- (Stein-) anteil > 5 mm (%)	58,00 – 73,00	65,00 – 75,00
pH-CaCl$_2$	7,20 – 7,60	7,50 – 7,60
C-Gesamt (%)	7,30 – 10,10	6,00 – 10,20
N-Gesamt (%)	0,33 – 0,44	0,17 – 0,25
S-Gesamt (%)	0,18 – 0,50	0,80 – 1,75
NO$_3$-N + NH$_4$-N (mg/kg)	7,70 – 11,60	4,80 – 13,80

Tab. 8: Skelettanteil (> 5 mm) sowie bodenchemische Kennwerte der Feinerde- und Feingrusfraktion (< 5 mm) der verwendeten Bergematerialien

Lehm, die, zuvor im Verhältnis 3:1 vermischt, bis auf 1,8 m Tiefe eingebracht wurde. Die restlichen Parzellen bestehen aus reinem Bergematerial. Auf der Versuchsbergehalde wurden einzelne Parzellen gedüngt, wobei 1,3 g P/m^2 auf die Oberflächen der Parzellen 11 – 25 sowie 46 – 60 ausgestreut wurden. Darüberhinaus wurden am Osthang der Halde Parzellen mit Mikroreliefgestaltungen angelegt, um den Einfluß der Oberflächengestaltung auf die natürliche Haldenbegrünung zu erfassen. Aufgrund der bekannten Phosphor-Mangelsituation wurden dort ebenfalls auf die Oberflächen der Versuchsparzellen 17,4 g P/m^2 gestreut.

Pflanzenwachstum und Phosphatangebot
Für eine dauerhafte Begrünung von Bergehalden ist der Nährstoffhaushalt der durchwurzelten Zone von besonderer Bedeutung. Die Bergehalden sind dadurch gekennzeichnet, daß auf ihnen durch die Verwitterung des Ausgangsmaterials keine ausreichende Phosphatversorgung für eine dauerhafte und gut deckende Begrünung gewährleistet ist. Dies ist zum einen auf die geringen Phosphatausgangsgehalte des Bergematerials zurückzuführen, zum anderen auch auf die im allgemeinen beobachtete, z. T. extrem starke Versauerung des Substrates innerhalb weniger Jahre. So versauerte das Bergematerial im Zeitraum von 1987 – 1990 teilweise um bis zu 4,6 pH-Einheiten, d. h. bis auf pH CaCl$_2$ 2,6.

Die vorliegenden Untersuchungen zeigen deutlich, daß ohne gezielte Steuerungsmaßnahmen bezüglich des Phosphathaushaltes und der Bodenreaktion eine anhaltende und zufriedenstellende Haldenbegrünung nicht zu erwarten ist.

Für eine ausreichende Entwicklung flach- (Gräser) bis mitteltiefwurzelnder Pflanzen (Gebüsch) ist es notwendig, daß in dem durchwurzelten Bereich (0 – 20 bzw. 20 – 50 cm) ein – nach der in der landwirtschaftlichen Praxis üblich angewandten DL-Methode ermittelter –

pflanzenverfügbarer Gehalt von 26 – 57 mg P/kg vorhanden ist. Die Untersuchungen zeigen, daß sich diese Gehalte nicht ohne P-Düngung erzielen lassen, selbst wenn das Bergematerial weitgehend verwittert ist. Für eine Verbesserung der P-Verfügbarkeit für die Pflanzen erweist sich dabei die starke Versauerungsneigung des Bergematerials im Laufe der Verwitterung als besonderes Problem. Die Versauerung bewirkt eine schnelle Verwitterung des Bergematerials, wodurch zum einen geringe Mengen an Phosphat, aber auch Eisen- und Aluminiumionen aus dem Bergematerial freigesetzt werden. Aufgrund geringer Ca-Vorräte auf Haldenstandorten (i. d. R. < 1 % Ca) bilden sich keine Ca-Phosphate, sondern verstärkt bei sinkenden pH-Werten Fe- und Al-Oxihydrate, die spezifische Bindungsplätze für Phosphationen aufweisen. Die sich bildenden Fe- und Al-Phosphate sind sehr stabile Phosphatverbindungen, die von den Pflanzen nur in geringem Maße genutzt werden können. Zur Abminderung dieser P-Immobilisierung sollte bei Neuanlage einer zur Begrünung anstehenden Bergehaldenoberfläche möglichst feinkörniges, karbonathaltiges (Boden-) Material (< 2 mm ø) mit eingemischt werden. Durch die zugeführten Karbonate würde dann die z. T. extrem schnelle Versauerung abgemindert werden.

Nach einer Einmischung von karbonathaltigem (Boden-) Material und Kompost in den zu durchwurzelnden Bereich (mind. 0,5 m) ist eine P-Düngung unumgänglich. Dabei ist eine "Initialgabe" von 1,3 g P/m^2, wie zunächst in dem Begrünungsversuch auf der Halde Waltrop angewendet, unzureichend. Die Ergebnisse zeigen, daß hingegen auf der mit 17,4 g P/m^2 gedüngten Parzelle des Mikroreliefgestaltungsversuches in dem Bereich 0 – 2 cm eine für die Pflanzenernährung sehr hohe P-Menge vorgefunden werden konnte. Bei einer Umsetzung dieser Phosphatdüngungsstufe für eine ausreichende P-Pflanzenernährung einer Haldenbegrünung von 40 mg P-DL/kg müßten somit mindestens für einen Bereich bis 20 cm Tiefe ca. 540 kg P/ha zugeführt und eingearbeitet werden.

Demonstrationen zur Umsetzung der Lokalen Agenda 21

Exkursion 18

Der Ingenhammshof und der Landschaftspark Duisburg-Nord:
Praktische Umweltbildung in einem urban-industriellen Raum

K. Jebbink, A. Keil und M. Raffelsiefer

Exkursionsroute:
Rundgang durch den Landschaftspark Duisburg- Nord, (ca. 3 km):
(Universität Duisburg – Duisburg Hbf.–) Ingenhammshof – Aussichtspunkt "Pyramide" – "Neue Verwaltung" – "Klettergarten" – Aussichtspunkt "Haldenrondell" – "Nest & Ei" – "Reliefharfe" – Eingang Kokerei – "Pflanzenbestimmungstrommel" – "Hochofen 5" – "Grüner Pfad"

Exkursionsinhalt:
Praxisorientierter Einblick in einen außerschulischen Lernort und Erleben eines neuartigen Parkkonzepts für das 21. Jahrhundert.

Foto 30: Altes Wohnhaus und Bauerngarten des Ingenhammshofes

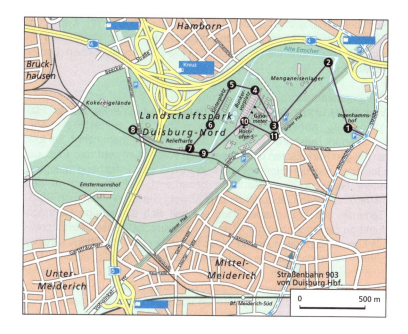

Die Exkursion führt zunächst mit der U-Bahn/Straßenbahn in den städtisch verdichteten Duisburger Norden. Es handelt sich um eine Region, die bereits frühzeitig und umfangreich industrialisiert wurde und sich heute – wie die übrige Emscherregion – im Prozeß des Strukturwandels befindet. Viele Industrieanlagen sind stillgelegt worden und sollen neuen Nutzungen zugeführt werden.

Hier, im Schnittpunkt der Duisburger Stadtteile Meiderich, Hamborn und Neumühl, liegt das Ziel der Exkursion: Der Landschaftspark Duisburg-Nord. Die ca. 200 ha große Industriebrache umfaßt im wesentlichen die Flächen des 1985 stillgelegten Hüttenwerks Meiderich sowie der ehemaligen Zeche und Kokerei Thyssen 4/8 (1959 bzw. 1977 stillgelegt). Im Jahre 1989 meldete die Stadt Duisburg das Gelände als Projekt zur Internationalen Bauausstellung Emscher Park (IBA Emscher Park) an. Seither wird es zu einem Park neuen Typs umgestaltet. Angestrebt ist eine ästhetisch erlebbare Verknüpfung von Industrienatur und Industriekultur.

Vor der imposanten Industriekulisse des ehemaligen Hüttenwerkes liegt ein weiterer, ungewöhnlicher Teil des Landschaftsparkes Duisburg-Nord: der Ingenhammshof. Er gehört zu den ältesten und wenigen noch erhaltenen Bauernhöfen Duisburgs. Der ehemals kommerziell bewirtschaftete Betrieb fungiert heute als Lern- und Erlebnisstätte. Er bildet die erste Station der Exkursion. Spielerisch läßt sich ein praxisorientierter Einblick in den außerschulischen Lernort gewinnen.

❶ *Ingenhammshof*
Von der Hauptstraße durch eine Baumreihe und einen breiten Fußgängerweg abgeschirmt liegt gegenüber der Haltestelle "Landschaftspark Duisburg-Nord" die Zufahrt zum Ingenhammshof. Sie führt an einigen Parkplätzen und einem Teich vorbei zum zentralen Platz des Geländes mit den Hofgebäuden. Während das linkerhand gelegene, ältere Bauwerk eine Gaststätte beherbergt, befinden sich in dem neueren, bunten Gebäudekomplex sowohl Stallungen als auch Büro-, Seminar- und Werkräume. Darin spiegelt sich die heutige Mehrfachfunktion des Ingenhammshofes als landwirtschaftlicher Betrieb sowie als Lern- und Begegnungsort wider. Im Laufe eines Vormittags kann vor allem die pädagogische Seite des Hofes vorgestellt werden. Eine Hof-Rallye ermöglicht es den Exkursionsteilnehmern nicht nur einen Überblick über den Werdegang und die heutige Situation des Hofes zu gewinnen, sondern auch spielerisch und eigenständig einzelne Standorte kennenzulernen, vorhandene Lern- und Untersuchungsmaterialien auszuprobieren und in dem bäuerlichen Betrieb selbst Hand anzulegen. Diese vielfältigen Aspekte sind im folgenden zusammengefaßt:

Ursprünglich bildete der Ingenhammshof einen rein kommerziellen Bauernhof. Er wurde wahrscheinlich bereits im Mittelalter bewirtschaftet und entwickelte sich bis zum 18. Jahrhundert mit einer Größe von 215 ha zu einem rentablen, mittelgroßen Betrieb. Als 1903 der benachbarte Hüttenbetrieb seine Arbeit aufnahm, belieferte der Hof die werkseigenen Geschäfte mit Lebensmitteln und wurde für einige Jahrzehnte Fuhrhalterei. Im Jahre 1919 verkauften die ursprünglichen Besitzer, die Familie Ingenhamm, den Hof an die Firma Thyssen, die neue Flächen für ihren expandierenden Hüttenbetrieb benötigte. Die Nutzfläche wurde auf ca. 15 ha verkleinert und in der Folgezeit von einem Pächter, der Familie Scheiermann, bewirtschaftet. Aufgrund der geringen Betriebsgröße und der erheblichen Staub- und Schadstoffmengen, die das benachbarte Hüttenwerk emittierte nahm die Rentabilität der Landwirtschaft jedoch immer mehr ab. Schließlich gab die Familie Scheiermann den Hof 1979 auf. Ein Jahr später wollte die Stadt – sie hatte das Gelände 1974 aufgekauft – die darauf befindlichen Gebäude abreißen. Durch eine Besetzungsaktion konnte die Duisburger Arbeiterwohlfahrt (AWO) den Ingenhammshof retten und ihn als Pächter übernehmen. 1989 meldete die Stadt das Gelände mit den übrigen Teilen des heutigen Landschaftsparks zur IBA an. Daraufhin kam es in den Jahren 1993/94 zur Neugestaltung der landwirtschaftlichen Nutzflächen sowie zur Renovierung bzw. zum Neubau einiger Gebäude.

Das Hofgelände bietet heute ein vielfältiges Bild aus Wiesen, Weiden und Äckern. Trotz seiner Umstrukturierung enthält es zahlreiche traditionelle Elemente, wie z. B. den großen Bauern- und Nutzgarten, der sich hinter der Gaststätte befindet. Die Bewirtschaftung des Ingenhammshofes erfolgt nach ökologischen Gesichtspunkten und umfaßt sowohl Ackerbau als auch Tierhaltung. Bei den Obstbäumen und den im Ackerbau verwendeten Pflanzen handelt es sich vorwiegend um alte, angepaßte Sorten. Sie bilden die Zeugen einer verlorengegangenen Artenvielfalt in der bäuerlichen Kulturlandschaft und sind darüber hinaus krankheits- und schädlingsresistenter. Auch bei den Tieren handelt es sich um Rassen, die vor der Spezialisierung der landwirtschaftlichen Betriebe auf den Höfen der Region gehalten wurden. Einige gelten als vom Aussterben bedroht, z. B. das Bentheimer Schwein und das Rheinische Kaltblutpferd. Insgesamt leben derzeit ca. 100 Tiere (Schweine, Kühe, Pferde, Ziegen, Schafe, Hühner und Gänse) auf dem Ingenhammshof, die in Ställen und z. T. ganzjährig auf der Weide gehalten werden.

Als die Arbeiterwohlfahrt den Ingenhammshof 1980 übernahm, ging es ihr nicht darum, kommerzielle Landwirtschaft zu betreiben, sondern sie wollte vor der bäuerlichen Kulisse freie Kinder- und Jugendarbeit durchführen. Nachdem der Hof durch seine vielfältigen Spiel- und Lernmöglichkeiten auch für die umliegenden Schulen zunehmend attraktiver wurde, legte die AWO ein Konzept zu seiner Umgestaltung in einen "Lernbauernhof im Landschaftspark Duisburg-Nord" vor, das im Mai 1992 vom Duisburger Stadtrat bewilligt wurde. Seither nutzen zahlreiche Schulen aller Schulformen sowie Kinder- und Tagesgruppen die Möglichkeit, regelmäßig oder an ausgewählten Tagen einen handlungsorientierten, fächerübergreifenden Unterricht vor Ort zu gestalten. Zur Betreuung der Kinder stehen drei Lehrkräfte mit insgesamt 40 Wochenstunden zur Verfügung. Mittlerweile wird der Hof so stark frequentiert, daß eine langfristige Voranmeldung notwendig ist.

Die Besonderheit des außerschulischen Lernortes liegt in der Einbindung der Kinder und Jugendlichen in den bäuerlichen Tagesablauf. Ihnen werden alle wichtigen und im Laufe des Jahres veränderlichen Arbeiten am Hof übertragen, wie z. B. die Versorgung der Tiere, die Säuberung der Stallanlagen und die Pflege des Bauerngartens. Dadurch lernen die Kinder nicht nur Wissenswertes über Pflanzen, Tiere, Boden etc., sondern auch selbständiges Arbeiten und soziales Verhalten.

Besonders die Gesamtschule Meiderich nutzt die vielfältigen Möglichkeiten des Ingenhammshofes, um hier einen innovativen Unterricht zu gestalten. Sie schickt ihre Schüler der 5. bzw. 6 Klasse ein Jahr lang alle zwei Wochen einen Tag lang auf den Hof. Dadurch erleben die Kinder die vielfältigen Aspekte eines ganzen landwirtschaftlichen Jahres. Außerdem werden sie routiniert im Umgang mit den Tieren und können langfristige Projekte, z. B. den Bau einer Stallanlage, angehen. Der Unterricht, der auch allgemeine fächerübergreifende Themen umfaßt, erfolgt stets in Kleingruppen. Die Kinder werden dabei nicht nur von Lehrern, sondern ungewöhnlicherweise auch von Lehramtsstudenten des Faches Geographie der Gerhard-Mercator-Universität Duisburg betreut. Diese Konstellation ist das Ergebnis einer engen Kooperation zwischen der Gesamtschule, dem Ingenhammshof und einer Projektgruppe der Universität, die seit 1996 besteht. Aufgrund der Zusammenarbeit entstanden auch zahlreiche hofspezifische Unterrichtsmaterialien, die den Besuchern vor Ort zur Verfügung stehen und es ihnen ermöglichen, das Gelände sowie Aspekte des Hofes und seiner Geschichte spielerisch zu erkunden.

Die Arbeiterwohlfahrt nutzt das Gelände des Ingenhammshofes nicht nur zur außerschulischen Umweltbildung, sondern auch als Standort für soziale Projekte unterschiedlichster Ausrichtung. So wird der landwirtschaftliche Betrieb durch Mitarbeiter der Maßnahme "Arbeit statt Sozialhilfe" aufrechterhalten. Seit 1994 werden in einer Tagesgruppe Kinder, die aus schwierigen sozialen und wirtschaftlichen Verhältnissen stammen, regelmäßig nach der Schule betreut. Viele unterschiedliche soziale Gruppen nutzen die Räumlichkeiten des Ingenhammshofes für Treffen, Feste oder sonstige Veranstaltungen. Nicht zuletzt hat sich der Hof zu einem vielgenutzten Naherholungsgebiet der Bevölkerung des Duisburger Nordens entwickelt.

❷ *Aussichtspunkt "Pyramide"*
Von hier bietet sich dem Besucher ein weitreichender Blick über die Felder des Ingenhammshofes und das Manganeisenlager auf die beeindruckende Silhouette des Hüttenwerkes. Am Fuße der Aussichtspyramide fließt die umgestaltete "Alte Emscher". Diese war früher ein oberirdisches Abwassersystem, das von Haushalten und der Industrie gespeist wurde. Mit Abklingen der Bergschäden in diesem Raum wurde es möglich, die Abwässer unterirdisch zu kanalisieren. Der zurückbleibende oberirdische Graben – die "Alte Emscher" hat seit vielen Jahrzehnten keine Verbindung mehr zur eigentlichen Emscher und führt daher kein Quellwasser – wurde umgestaltet und mit Regen-

wasser befüllt: Von allen versiegelten Flächen und Dächern des Landschaftsparks werden die Niederschläge gesammelt und der "neuen" Alten Emscher zugeführt. Durch die Umgestaltung des Flußbetts wurden verschiedene Gewässerabschnitte realisiert. Von diesem Standort sind zwei sichtbar: Der sogenannte "Emscherbach", nördlich des Ingenhammshofes, ist einer naturnahen Emscherschleife nachempfunden, die einst hier zu finden war. Die "Emscherschlucht" beginnt am Fuße der Pyramide und verläuft parallel zur A 42 in Ost-West-Richtung. Sie wird durch die beidseitig steil ansteigenden Halden und den Wall der Autobahn begrenzt. Zwischen diesen beiden Gewässerabschnitten wurde der "Emscherdurchbruch" geschaffen. Hier unterquert die Alte Emscher den Rad- und Wanderweg des Grünen Pfads. Das ausgehobene Haldenmaterial für den Emscherdurchbruch wurde zur Errichtung der Pyramide genutzt.

Im 26 ha großen Gelände des sogenannten "Entwicklungsbereichs 2" des Landschaftsparks Duisburg-Nord waren noch bis 1993 ein Manganeisenlager und eine Masselgießerei in Betrieb. In Letzterer wurde das flüssige Roheisen in entsprechenden Formen zu Masseln gegossen. Während des Laufs über ein Fließband erkalteten die Masseln und fielen schließlich auf Eisenbahnwagen, mit denen sie zur Weiterverarbeitung abtransportiert wurden. Neben der Teilnutzung als Behelfsparkplatz werden auf dieser Fläche heute Pionier- und Hochstaudenfluren erhalten.

Die Thematik des Nebeneinanders von Industrienatur und Industriekultur greift ein stadtökologischer Erlebnispfad mit mehreren Stationen innerhalb des Landschaftsparks Duisburg-Nord auf, der seit dem Jahre 1997 von einer Projektgruppe des Instituts für Geographie der Gerhard-Mercator-Universität Duisburg entwickelt wird. An der Nahtstelle zwischen dem Gelände des Ingenhammshofes und dem Gelände des ehemaligen Manganeisenlagers liegt die Station "Zeitreise zur Industrienatur".

❸ *"Neue Verwaltung"*

Seit 1991 wird das ehrgeizige Vorhaben verfolgt, den Hüttenbetrieb zum Herzstück eines großen Parks im Duisburger Norden zu machen. Denn bei der Suche nach einem langfristigen Konzept, das auch Lösungen für die dauerhafte wirtschaftliche Unterhaltung der seit 1985 brachliegenden, etwa 200 ha großen Fläche bietet, stellte sich heraus, daß die meisten Varianten für einen Abriß der Werksanlagen um ein Vielfaches teurer wären als der Erhalt des Hüttenwerkes. Seither wird nach dem Konzept des Planungsbüros Latz + Partner die Entwicklung des Landschaftsparks Duisburg-Nord in sieben Entwicklungsbereichen vorgenommen. Diese Aufteilung war aufgrund der Größe und der

Vielfalt des Geländes notwendig.

Nachdem die Exkursion bereits die neuen Funktionen der Entwicklungsbereiche 1 (Ingenhammshof) und 2 (Manganeisenlager) erschlossen hat, wird im Eingangsbereich des zentralen Entwicklungsbereichs 3 der Wandel vom ehemaligen Hüttenwerk zum Landschaftspark besonders deutlich: Die ehemalige "Neue Verwaltung" des Hüttenbetriebes Meiderich beherbergt heute die Büros der neuen Betreiber des Parks, zahlreicher Organisationen und Vereine sowie mit dem "Hüttenmagazin" eine Gaststätte. Die "Taucher im Nordpark" richteten sich im Gasometer des alten Hüttenwerkes ein Tauchbecken von 13 m Tiefe ein. Das riesige Industriegebäude (45 m Durchmesser) wurde Ende 1998 mit 20 000 m^3 Wasser geflutet. Seither ist der Gasometer mit Unterwasserbeleuchtungs- und Beschallungstechnik sowie einem künstlichen Riff zu einem einmaligen Erlebnis für Taucher geworden.

Nicht weit entfernt vom Gasometer befinden sich zwei wassergefüllte Becken, Fundamente ehemaliger Kühltürme, welche den Beginn des sogenannten "ersten Wasserpfades" darstellen. Gut sichtbar sind hier die zahlreichen Rinnen im Boden bzw. die Rohre und Wasserspeier, die über den Becken enden. Über diese wird das Regenwasser der Dächer und versiegelten Flächen in die Becken geleitet und dort gesammelt. Wasserpflanzen entziehen dem Niederschlagswasser auf natürliche Weise die Nährstoffe, und eventuelle Verunreinigungen, wie z. B. Stäube, setzen sich ab.

❹ *"Klettergarten"*
Seit 1990 betreibt der Deutsche Aplenverein (Sektion Duisburg) diese Kletteranlage und erweitert sie ständig. Früher wurden in den Bunkertaschen des "Möllerbunkers" Koks, Erze und verschiedene Zuschlagsstoffe zwischengelagert. Durch das Einreißen einiger Wände ist ein interessantes, anspruchsvolles und in dieser Art einzigartiges Terrain für verschiedene Schwierigkeitsstufen entstanden. Neben zahlreichen Kletterrouten wurde u. a. ein Klettersteig mit Graden, Scharten, Senkrechten und Brücken mit alpinem Charakter eingerichtet. Auch die drei Kamine, die nachts als beleuchtete, weithin sichtbare Landmarken in den Himmel ragen, werden in die nächsten Jahren für erfahrene Kletterer erschlossen. Damit würde auch der mit 80 m höchste Punkt des Landschaftsparks "zugänglich".

❺ *"Haldenrondell"*
Die vorhandenen Elemente der Industriebrache sind durch neu entwickelte Beziehungen, Zusammenhänge und Abhängigkeiten zu einer neuen "Landschaft" entwickelt worden. Ein Beispiel hierfür ist das

"Haldenrondell". Dieser auf dem Wall zwischen Autobahn (A 42) und Industrieanlage entstandene Aussichtspunkt wird durch Säulenrobinien markiert. Von hier aus ist ein Überblick in die weitere Umgebung, aber auch auf das Hüttenwerk und den am Fuße des Walls befindlichen Sinterplatzes möglich. Die Robinien, die andererseits nach außen ein weithin sichtbares Signal für den Landschaftspark sein sollen, werden als so widerstandsfähig angesehen, sich gegen Wind und Trockenheit auf dem "Haldengipfel" zu behaupten.

Der Sinterplatz ist durch den Abriß der Sinteranlage frei geworden. Erhalten geblieben sind allerdings die dicken Mauern der alten Bunkeranlage. Diese ehemaligen Erzlager, auch Bunkertaschen genannt, beinhalten heute verschiedene Gärten, wie z. B. den Hortensiengarten, den Farngarten und den Rosengarten.

An die Bunkertaschen grenzt der Klarwasserkanal an. Die Kanaldeckel lassen gut das parallel zum Gewässer verlegte unterirdische Rohr erahnen, das seit dem Umbau die Abwässer aufgenommen hat. In dem sehr linearen Verlauf des Gewässers, der durch die Altlastenproblematik vorgegeben wurde, wechseln sich Tief- und Flachwasserzonen ab. Über Pontons ist das Wasser für den Besucher zugänglich und erlebbar geworden. Unmittelbar neben dem Klarwasserkanal befindet sich der imposante "Windenergieturm". Der "Vielflügler" an seiner Spitze erreicht auch schon bei sehr geringen Windgeschwindigkeiten ein Drehmoment, das ausreicht, um eine archimedische Schraube, die sich in der Basis des Turmes befindet, anzutreiben. Das Wasser des Klarwasserkanals, das über einen Stichkanal an den Fuß des Turmes geführt wird, wird von der Wasserschnecke emporgeschraubt und gelangt über Rohrleitungen unterhalb der Hochpromenade zu den oben genannten Bunkergärten. Diese werden in Trockenperioden auf diese Weise bewässert. Überschüssiges Wasser wird über einen Wasserspeier deutlich sicht- und hörbar wieder dem Klarwasserkanal zugeführt. So wird das Wasser mit Sauerstoff angereichert und so die Wasserqualität verbessert.

Auf dem Sinterplatz wird eine weitere Station des stadtökologischen Erlebnispfads entstehen: Der Wasserspielplatz. Hier wird die Kraft des Wassers erlebbar gemacht. Auf spielerische Weise kann die Konzeption des Landschaftsparks hier nachgebaut werden. Wassermengen, die den monatlichen Niederschlägen in Duisburg entsprechen, können dann über eine große, variabel zu gestaltende Spielfläche geleitet werden. Getreu dem Motto "Alles im Fluß!" können immer neue Abflußrinnen modelliert werden.

❻ *"Nest & Ei"*
Auf dem Areal des ehemals industriell genutzten Landschaftsparks Duisburg-Nord finden heute wieder eine Vielzahl von Vogelarten eine Heimat. Von den 238 regelmäßig in Deutschland brütenden Vögeln konnten bislang 51 im Landschaftspark beobachtet werden, dabei unter anderem Turmfalke, Grünspecht, Gartenrotschwanz und Feldschwirl. Der Park ist für sie zu einer "grünen Oase" mitten in einem industrialisierten Raum geworden. Diesen erfreulichen Tatbestand greift die Station "Nest & Ei" des stadtökologischen Erlebnispfades auf. Anschaulich können die Anstrengungen der Amsel beim Nestbau, das Einfliegen ins Nest und das Flüggewerden der Jungen von jung und alt nachempfunden werden. Auch das Sehvermögen des Falken und der unterschiedliche Nestbau einiger Arten werden thematisiert.

❼ *"Reliefharfe"*
Eine eindrucksvolle Geländeform im Landschaftspark bildet die Reliefharfe, die zuvor als Gleisanbindung der Erzbunker von Hochofenwerk und Sinteranlage diente. Die Gleise wurden abgebaut, und ihr Platz wird heute von Spazier- und Radwegen eingenommen. Die Dämme und Senken der ehemaligen Schienentrassen sind zu Lebensräumen verschiedener Pflanzen- und Tiergemeinschaften geworden.

Als "Wildnis" wird eine Geländemulde bezeichnet, die zwischen den Resten der Wittfelder Straße und ehemaligen Bahndämmen liegt und aus Gartenland hervorgegangen ist. Durch den Bau der Autobahnen 42 und 59 wurde dieser Bereich von den angrenzenden Stadtteilen abgeschnitten und dem Hüttenwerk als Flächenreserve zugeschlagen. Hier war bereits zum Zeitpunkt der Stillegung des Hüttenwerkes ein dichtes und strukturreiches Wäldchen entstanden.

❽ *Eingang Kokereigelände*
Die unmittelbare Nähe zum Rohstoff Kohle war seinerzeit ein wichtiger Grund für die Errichtung des Hüttenwerkes Meiderich. An die Schachtanlage Thyssen 4/8, deren letzter Schacht 1959 stillgelegt wurde, erinnern heute nur noch ein "Zechenwäldchen", einige Bauruinen und Lüftungsschächte. In der direkten Nachbarschaft entstand 1905 die Kokerei "Friederich Thyssen", von wo die veredelte Kohle per Seilbahn zum Hüttenwerk transportiert wurde. 1977 wurde auch diese schließlich stillgelegt und drei Jahre später abgerissen. Sowohl die Flächen der Schachtanlage als auch die der Kokerei wurden nach den Stillegungen sich selbst und damit der Natur überlassen, die sich ungestört ausbreiten konnte. Hier findet sich eine typische nachindustrielle Landschaft, in der sich die Natur den vom Menschen vorgegebenen Extremsituationen angepaßt hat: eine Mischung aus

verstreutem Birkenaufwuchs, silbriger Krautschicht und mancherorts durchscheinendem, schwarzem Bergematerial. Wegen der hier stellenweise problematischen Altlastensituation und zum Schutze der Natur ist das Gelände nicht zur Nutzung freigegeben.

Im Südwesten des Geländes des Landschaftsparks Duisburg-Nord liegt der Entwicklungsbereich 5, Emstermannshof. Altlasten machten die Sanierung und Neuordnung der dortigen Pachtgärten notwendig. Die neu entstandenen Kleingärten sind im Gegensatz zu den anderen Gärten im Landschaftspark überwiegend in privater Hand.

❾ *"Pflanzenbestimmungstrommel"*
Die "Pflanzenbestimmungstrommel" war die erste Station, die im Rahmen des stadtökologischen Erlebnispfades im Landschaftspark Duisburg-Nord entstanden ist. Sie ersetzt zwar für die artenreiche Fläche des Landschaftsparks kein Bestimmungsbuch, aber sie hilft dem Laien auf spielerische Weise eine Antwort auf die Frage "Was blüht denn da?" zu finden.

❿ *"Hochofen 5"*
Der 1973 erbaute "Hochofen 5" ist heute als einziger Hochofen des Landschaftsparks begeh- bzw. besteigbar. Während die Hochöfen 4 und 3 nach ihrer Stillegung demontiert wurden, wird der Hochofen 2 dem natürlichen Verfall überlassen. Die Gießhalle des Hochofens 1 dient mit seiner teilweise überdachten Zuschauertribüne heute als Veranstaltungsraum für Konzerte, Theateraufführungen oder Freiluftkinos.

Der Aufstieg zum "Hochofen 5" gewährt dem interessierten Besucher Einblicke in die Bau- und Funktionsweise eines Hochofens. Noch bei der Stillegung 1985 galt der gerade zwölf Jahre alte "Hochofen 5" nicht nur aufgrund seines Kühlsystems und seiner Winderhitzer als modern, sondern insbesondere auch, weil er strenge Umweltschutzauflagen erfüllte. Mit dem letzten Abstich am "Hochofen 5" endete am 4. April 1985 die 82jährige bewegte Betriebsgeschichte des Meidericher Hüttenbetriebes. Aus exakt 70 m Höhe bietet sich vom "Hochofen 5" ein eindrucksvoller Blick auf den Landschaftspark und die Stadtkulisse Duisburgs.

Eine Attraktion besonderer Art stellt die Lichtinszenierung des britischen Künstlers Jonathan Park dar. Seit Herbst 1996 verwandeln sich Hochofen und Hüttenwerk an jedem Wochenende nach Einbruch der Dunkelheit von einem rostigen Aschenputtel in ein farbiges Märchenschloß.

❶ *"Grüner Pfad"*
Der Landschaftspark Duisburg-Nord ist nicht nur durch ein Netz von Wander- und Radwanderwegen erschlossen, sondern auch an regionale, die Landschaften der Rhein-/Emscherregion verknüpfende Freizeitwege angebunden.

Neben dem Emscherpark-Radwanderweg (Nord-Route) und dem IBA-Wanderweg verläuft auf der stillgelegten Güterbahntrasse zwischen Duisburg-Ruhrort und Oberhausen der "Grüne Pfad". Über den "Grünen Pfad" und zwischen Feldern des Ingenhammshofes hindurch erreicht man wieder den Ausgangspunkt der Exkursion.

Exkursion 19

Das Agenda 21-Lernorte-Netzwerk der Gesamtschule Hagen-Haspe

R. E. Lob und M. Oriwall

Exkursionsroute: Anfahrt ab Duisburg (60 km) mit Bus, Auto oder Bahn (in Hagen Hbf. umsteigen Richtung Wuppertal bis Bf. Hagen-Heubig) Exkursion selbst auch als Fußexkursion durchführbar (ca. 4 km): Gesamtschule Hagen-Haspe - Altes Hammerwerk - Forstbetriebshof Kurk

Exkursionsinhalt:
Das Agenda 21-Lernorte-Netzwerk der Gesamtschule Hagen-Haspe als Kooperationspartner in der Lehramtsausbildung Geographie/ Sachunterricht an der Universität Essen.

Foto 31: Schüler erkunden nachhaltige Waldwirtschaft

Das Kooperationsmodell Hochschule/Schule

Seit ca. 20 Jahren wirkt die Zentralstelle für Umwelterziehung im Fachbereich 9 der Universität Essen mit bei der fachdidaktischen Ausbildung von Lehramtsstudenten in den Bereichen Geographie Sekundarstufe I und Sachunterricht Primarstufe. Hierbei wurde ein Lehrveranstaltungstyp entwickelt, der Umweltinhalte und – zunehmend verstärkt – Aspekte einer Lokalen Agenda 21 in enger Kooperation mit einer Schule und praktischen Erfahrungen im Gelände vermittelt: In einem ersten Schritt lernen die Studenten Grundzüge der Unterrichts-planung sowie die Kooperationsschule kennen. Sodann wird ein Thema fachlich erarbeitet und unterrichtlich aufbereitet, um es dann im dritten Schritt mit einer Veruchsklasse der Kooperationsschule in- und außerhalb des Klassenzimmers projektartig praktisch anzuwenden.

Seit 1995 wirkt ein mit der halben Stundenzahl von der Gesamtschule Hagen-Haspe an die Universität Essen abgeordneter Lehrer mit bei der Verzahnung von geographiedidaktischer Lehramtsausbildung und schulischer Praxis. Inzwischen wurde im Stadtteilumfeld der Kooperationsschule ein Lernorte-Netzwerk geschaffen, welches - neben anderen Aspekten - sich insbesondere den Themen einer Lokalen Agenda 21 widmet.

Das Lernorte-Netzwerk der Gesamtschule Hagen-Haspe

Die nun im weiteren beschriebenen Lernorte des lokalen Netzwerkes der Schule können je nach Themenschwerpunkt der fachdidaktischen Lehrveranstaltung nach Absprache mit der Schulleitung und dem Fachlehrer verschieden genutzt werden. Auf der geplanten Exkursion werden sowohl die Schule selbst als auch zwei mit ihr verbundene außerschulische Lernorte aufgesucht.

❶ *Gesamtschule Hagen-Haspe*

Das Hauptgebäude der Gesamtschule in Hagen-Haspe ist als Betonbau nicht gerade ein Vorzeigeobjekt in Sachen Ökologie. Vielleicht ist es aber gerade diese Vorbedingung, die Eltern, Schüler und Lehrer veranlaßt haben, die Schule als ökologischen Lebensort schrittweise

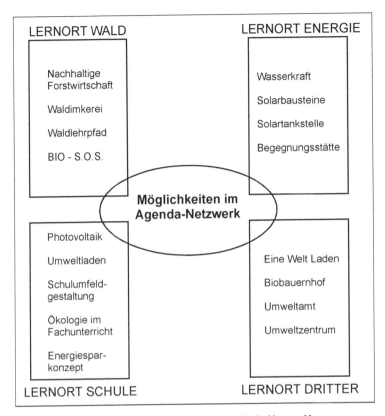

Abb. 31: **Das Lernorte-Netzwerk der Gesamtschule Hagen-Haspe**

umzugestalten. Auf dem Weg zu einer Agendaschule wurden bis heute zwei Photovoltaikanlagen auf den Schuldächern installiert. Ein Energiesparkonzept wurde im Unterricht des 12. Jahrgangs entwickelt und seither umgesetzt. Mit Unterstützung des Faches Landschaftsarchitektur der Universität Essen entwickelte die Schule ein Gesamtkonzept für die Gestaltung von Schulgebäude und Schulgelände. Das Konzept gilt es nun in den nächsten Jahren umzusetzen. Ein Umweltladen bietet eine Auswahl von naturverträglichen Schreibwaren an. Im eigens eingeführten Wahlpflichtkurs "NATUR und UMWELT" beschäftigten sich Schülerinnen und Schüler der Klassen 9 und 10 mit Fragen zur lokalen Umweltsituation. Diese schulischen Aktivitäten werden durch außerschulische Lernorte im Rahmen von Stadtteilprojekten ausgeweitet und sinnvoll vernetzt. Neben der Arbeit auf einem Biobauernhof und der Mithilfe bei Umweltschutzaktionen der Naturschutzverbände dienen vor allem die außerschulischen Lernorte "Energie" und "Wald" als Anlaufpunkte für das Lernen in ökologischen Zusammenhängen mit zahlreichen Möglichkeiten zur originalen Auseinandersetzung und der Chance, das eigene Lebensumfeld im Sinne der Agenda 21 kennenzulernen und mitzugestalten.

❷ *Altes Hammerwerk*
Im Sommer 1990 entwickelten Lehrer und Eltern der Gesamtschule Hagen-Haspe ein Konzept zur unterrichtlichen Einbindung erneuerbarer Energien in den Technikunterricht. Eine alte Wasserkraftanlage wurde neben dem Kulturzentrum Hasper Hammer ausfindig gemacht und eine zweijährige Planung für die Reaktivierung und Modernisierung begonnen. Im Laufe der Planungen gründete sich 1991 der "Trägerverein für die Nutzung erneuerbarer Energien Haspe e.V.", der fortan in enger Kooperation mit der Schule den Aufbau des außerschulischen Lernorts vorantrieb. Neben der Unterstützung durch zahlreiche Einzelpersonen fand das Projekt finanzielle Förderung vor allem durch die Robert-Bosch-Stiftung, den Regierungspräsidenten in Arnsberg, die Stadt Hagen, die Stadtwerke u.a. 1992 begannen Schülerinnen, Schüler, Eltern und Lehrer mit der Reaktivierung der Wasserkraftanlage (WKA). Außerschulischer Unterricht wurde in Form von Stadtteilprojekten, Themenwochen, Fachunterricht und Arbeitsgemeinschaften an die "Turbine" verlegt. Am 20. November 1995 erzeugte die WKA nach mühevoller Aufbauarbeit den ersten "sauberen" Strom. Neben dem Turbinenhäuschen wurde ab 1994 parallel zu den o.g. Arbeiten das gesamte Gebäude im Rahmen des Unterrichts restauriert. Als ökologische Begegnungsstätte wird die WKA heute nicht nur schulisch genutzt, sondern steht auch der Öffentlichkeit zur Verfügung. Der Trägerverein kann mit Unterstützung der Stadt zwei Mitarbeiter beschäftigen, die neben der Betreuung der WKA schulische Gruppen in laufende Aktivitäten einweisen, Veranstaltungen zum Thema regenerative Energien in der Begegnungsstätte organisieren und durchführen und interessierte Besucher informieren. In Kürze soll eine "Solartankstelle" diesen Umweltlernort ergänzen.
Für die agendabezogene schulische Bildungsarbeit bieten sich an diesem Lernort insbesondere Lernaspekte für die Fächer Technik, Physik und Geschichte an, so z.B. mit dem Thema "Zur Geschichte der Wasserenergiegewinnung und ihrer frühindustriellen Anwendung - der alte Hasper Hammer" oder etwa - unter Einbeziehung der Informatik - die Untersuchung einer alten Energiegewinnungstechnik mit modernen computergestützten Auswertungsmethoden. Hierzu gehört z.B. auch die Berechnung der jahreszeitlich verschiedenen Wasser-

volumina mit ihrer entsprechenden Energieausbeute. Natürlich kann man in den Fächern Biologie, Chemie und Geographie Wassergüteuntersuchungen vornehmen und nach der Ursache von Belastungen fragen. Ein unmittelbares Ergebnis der Kooperation Hochschule/ Schule war auch die Planung der Geländegestaltung um diesen Lernort im Rahmen eines Essener Universitäts-Seminars und die folgende Umsetzung durch Schüler, Lehrer und Eltern.

❸ *Forstbetriebshof Kurk*
1992 suchten Schülerinnen und Schüler einer Naturschutz AG der Schule nach einem geeigneten Standort für eine Wildbienennistwand. Da im Umfeld der Schule die Gefahr der Zerstörung gegeben war, konnte mit dem Revierleiter des Forstbezirks Süd der Stadt Hagen ein Kooperationspartner gefunden werden, der in der Nähe eines Wanderweges am Forsthaus Kurk einen Standort zur Verfügung stellte. Der Startschuß für den Aufbau eines Waldpädagogischen Zentrums der Stadt Hagen war gefallen. Im Laufe der Jahre entwickelte sich auf der Grundlage des waldpädagogischen Konzepts KALIF (Konzept Außerschulisches Lernen im Forst) ein eigenes Lernortenetz am Forsthaus Kurk. Im Rahmen von Stadtteilprojekten und Arbeitsgemeinschaften wurde ein Waldlehr- und lernpfad entwickelt, eine Waldimkerei aufgebaut, Streuobstwiesen gepflegt und angelegt, Trockenmauern errichtet, ein Erdklassenzimmer gegraben und Wildbienenzäune gebaut. Geographiestudentinnen und -studenten der Essener Universität organisierten im Rahmen eines Seminars zum "Außerschulischen Lernen" für einen ganzen Jahrgang einen Aktionstag im Wald, die "1. Hasper Stadtwaldspiele". Am 8. Mai 1999 wurde als Agendaprojekt eine Bioindikationsstation zum Nachweis der Wirkung der Luftschadstoffe Ozon und Schwefeldioxid eröffnet. Die durch den Revierleiter betriebene nachhaltige Waldwirtschaft und die nach ökologischen Regeln durchgeführte Jagd sowie die geschaffenen Lernmöglichkeiten bieten zahlreiche Ansätze und Beteiligungsmöglichkeiten für schulische und außerschulische Gruppen. Im KALIF-Projekt werden die Handlungsaufträge der Agenda 21 an konkreten Beispielen erfahrbar. Die Verbindung handlungsorientierter Umweltbildung mit forstlicher Öffentlichkeitsarbeit zielt darauf ab, die komplexen Zusammenhänge einer zukunftsfähigen Waldbewirtschaftung und ihre Vernetzung mit anderen Lebensbereichen lokal wie global aufzudecken, authentische Umwelterfahrung zu ermöglichen und umweltpolitisches Handeln auszulösen.
Anhand des Themenbereiches "Wald und Energie" werden die Lernorte "Wald" und "Energie" vernetzt. Im Wald werden nach unterrichtlicher Vorbereitung handlungsorientierte Untersuchungen zur

zu Schäden an Waldbäumen, zu Bioindikatoren und zu pH-Messungen im Boden und an der Station durchgeführt. Am Lernort Energie lernen die Schülerinnen und Schüler die Vorteile und Probleme einer regenerativen Energienutzung anschaulich kennen. Im Unterricht können die an beiden Lernorten gewonnenen Erkenntnisse weiter ausgeweitet, reflektiert und analysiert werden. Letztlich führt die Diskussion über die Auswirkungen konventioneller Energieerzeugung zur Reflexion über den eigenen Energiekonsum und zur Diskussion über eigene Lebensstile. Die an beiden Lernorten erfahrenen positiven Beispiele zur nachhaltigen Nutzung unserer Ressourcen zeigen Wege und Handlungsmöglichkeiten einer zukunftsfähigen Entwicklung auf.

Schlußbemerkung
Alle in der Schule, am Gebäude und in seinem Umfeld vorhandenen sowie die anderen mit der Schule im Lernorte-Netzwerk verbundenen Einrichtungen können in Lehrangebote der Essener Universität eingebunden werden. Bisher geschah dies hauptsächlich für die Lehramtsbereiche Sekundarstufe I für das Fach Geographie und den Studienbereich Sachunterricht/Primarstufe über Lehrveranstaltungen der Zentralstelle für Umwelterziehung, und zwar sowohl in regelmäßigen Lehrangeboten zur Praxis des außerschulischen Lernens als auch im Rahmen anderer Lehrveranstaltungen, z.B. zu Themen einer lokalen Agenda 21. Darüber hinaus können Essener Studenten - nach Absprache - auch einzeln an den entsprechenden Aktivitäten der Hasper Gesamtschule teilnehmen, etwa zur Vorbereitung entsprechender Referate oder einer Examensarbeit. Nicht unerwähnt bleiben sollte überdies, daß immer wieder Gäste der Zentralstelle für Umwelterziehung an der Universität Essen im Rahmen von Besuchsprogrammen auch die Hasper Schule besuchen können. So waren z.B. in den vergangenen Jahren mehrfach Expertendelegationen aus Japan und Korea zunächst an der Universität in Essen und dann an der Hasper Schule zu Gast. Die hier geschilderte Kooperation Hochschule / Schule im Rahmen der Lehramtsausbildung in einem Fach in Essen ist das Ergebnis eines besonderen Engagements der Beteiligten und steht keineswegs für die gesamte Lehrerausbildung in Essen. Ein Programm "Öffnung von Schule" macht auf Dauer aber nur Sinn, wenn ein Parallelprogramm "Öffnung von Hochschule in der Lehrerausbildung" unsere zukünftigen Lehrer in den Stand versetzt, mit ihren Schülern - auch agendabezogen - später im Unterricht außerschulisch zu arbeiten.

Verzeichnis der Abbildungen und Tabellen

Abb. 1	Lage des Ruhrgebietes in Deutschland	12
Abb. 2	Kreisfreie Städte und Landkreise im Ruhrgebiet	13
Abb. 3	Betriebe und Beschäftigte im Bergbau und Verarbeitenden Gewerbe des Ruhrgebietes 1980,1990 u. 1997	18
Abb. 4	Handwerk im Ruhrgebiet nach d. Totalerhebung 1995	20
Abb. 5	Technologie- und Gründerzentren im Ruhrgebiet	22
Abb. 6	Entsorgungsverbunde im Ruhrgebiet	24
Abb. 7	Projektflächen	27
Abb. 8	Flughäfen und Fernstreckennetz der Deutschen Bahn AG im Ruhrgebiet	29
Abb. 9	Der Ringzug Rhein-Ruhr	30
Abb. 10	Die Angebotsverbesserungen im Schienenverkehr des Ruhrgebietes durch den Integralen Taktfahrplan (ITF) ab 1998	32
Abb. 11	Flugbewegungen auf dem Flughafen Dortmund	33
Abb. 12	Wasserstraßen und Güterumschlag in Binnenhäfen	34
Abb. 13	Bevölkerungsentwicklung in den kreisfreien Städten und Kreisen des Ruhrgebietes (1980–1997)	37
Abb. 14	Anteil der Ausländer an der Gesamtzahl der Einwohner in den kreisfreien Städten und Landkreisen des Ruhrgebietes (1997)	38
Abb. 15	Bevölkerungsbewegung im Ruhrgebiet (1980–1997)	39
Abb. 16	Arbeitslosenquoten in den Arbeitsamtsbezirken des Ruhrgebietes in ausgewählten Jahren	43
Abb. 17	Anteil der arbeitslosen Frauen und Anteil der Langzeitarbeitslosen im Ruhrgebiet an der Gesamtzahl der Arbeitslosen in ausgewählten Jahren	44
Abb. 18	Bruttowertschöpfung pro Einwohner 1987 und 1995	46
Abb. 19	Städte- und Kreismodell und das Städteverbandsmodell für die Neugliederung des Ruhrgebietes	52
Abb. 20	Der Raum der Internationalen Bauausstellung Emscherpark (IBA) im Ruhrgebiet	56
Abb. 21	In das NRW-EU-Programm Rechar II einbezogene Gebiete des Ruhrgebietes	58
Abb. 22	In das NRW-EU-Programm Resider II einbezogene Gebiete des Ruhrgebietes	58
Abb. 23	Kommunale Beschlüsse zur Lokalen Agenda 21 im Ruhrgebiet	63
Abb. 24	Planungsgebiet Prosper III in Bottrop	103
Abb. 25	Ehemaliges Krupp-Hüttenwerk Rheinhausen: Funktionswandel zum Dienstleistungszentrum "Logport"	120

Abb. 26	Umnutzung von Altindustrieflächen in Oberbilk (1994–1998)	155
Abb. 27	Wasserriesen	177
Abb. 28	Verlandung des Kemnader Sees im Ruhrtal	182
Abb. 29	Eisen- und schadstoffhaltige Staubpartikeln emittiert von der Eisenhüttenindustrie	188
Abb. 30	Anlage des Feldversuches zur Rekultivierung von thermisch gereinigtem Bodenmaterial in Essen-Karnap	190
Abb. 31	Lernorte-Netzwerk der Gesamtschule Hagen-Haspe	207
Tab. 1	Strukturmerkmale des Steinkohlebergbaus in den Ruhrgebietsstädten und Arbeitslosigkeit 1997	16
Tab. 2	Technologiezentren im Ruhrgebiet Anfang der 1990er Jahre	21
Tab. 3	Investitionen für Umweltschutz im Produzierenden Gewerbe des Ruhrgebietes seit 1980	25
Tab. 4	Güterverkehrsentwicklung führender Binnenhäfen im Ruhrgebiet	35
Tab. 5	Anzahl der sozialversicherungspflichtig Beschäftigten im Verarbeitenden Gewerbe des Ruhrgebietes	41
Tab. 6	Sozialversicherungspflichtig Beschäftigte in den zehn führenden Wirtschaftszweigen im Ruhrgebiet 1988 und 1997	41
Tab. 7	Agrarstrukturen des Westmünsterlandes im Vergleich mit übergeordneten Regionen 1996	147
Tab. 8	Skelettanteil sowie bodenchemische Kennwerte der Feinerde- und Feingrusfraktion der verwendeten Bergematerialien	192

Ausgewählte Literatur

zur Einführung

Das Aktionsprogramm Ruhr. Politik für das Ruhrgebiet (1979): hrsg. v. d. Landesregierung Nordrhein-Westfalen, Düsseldorf

Arbeitskreis für die Koordination der Bestellung des Schienenpersonennahverkehrs. Integraler Taktfahrplan Nordrhein-Westfalen (1998): hrsg. v. Ministerium für Wirtschaft und Mittelstand, Technologie und Verkehr des Landes Nordrhein-Westfalen, Düsseldorf

Arbeitsmarkt Ruhrgebiet. Strukturanalyse der Arbeitslosen im September 1997 (1998): hrsg. v. Kommunalverband Ruhrgebiet, Essen

BUTZIN, B. (1987): Zur These eines regionalen Lebenszyklus im Ruhrgebiet. In: Münstersche Geographische Arbeiten, Bd. 26, S. 121–210, Münster

DEGE, W. (1973): Das Ruhrgebiet, Braunschweig
DEGE, W. (1989): Das Ruhrgebiet im Wandel – Versuch einer Zwischenbilanz. In: Das Ruhrgebiet im Wandel. Welchen Beitrag kann die Geographie leisten? Material zur Angewandten Geographie, Bd. 17, 1989, S. 17 – 28, Bochum
ECKART, K.; NEUHOFF, O. (1999): Bottrop im sozioökonomischen Wandlungsprozeß seit dem Zweiten Weltkrieg (= Beiträge zur Bottroper Geschichte, Bd. 24), Bottrop
Entwicklungsprogramm Ruhr 1968 – 1973 (1968): hrsg. v. d. Landesregierung Nordrhein-Westfalen, Düsseldorf
FRITZLER, M. (1997): Ökologie und Umweltpolitik, Bonn
GANSER, K. (1990): Die Vision vom grünen Park entlang der Emscher. Schulbuchinformation Ruhrgebiet, Januar 1990, Nr. 6, hrsg. v. Kommunalverband Ruhrgebiet (KVR), Essen
GLÄßER, E.; SCHMIED, M. W.; WOITSCHÜTZKE, C.-P (1997): Nordrhein-Westfalen (= Perthes Länderprofile), 2., völlige Neubearbeitung, Gotha
HAMM, R.; WIENERT, H. (1990): Strukturelle Anpassung altindustrieller Regionen im internationalen Vergleich (= Schriftenreihe des Rheinisch-Westfälischen Instituts für Wirtschaftsforschung Essen, N. F., H. 48), Berlin
Handlungsrahmen für die Kohlengebiete (o. J.): hrsg. v. Minist. f. Wirtschaft, Mittelstand und Technologie des Landes Nordrhein-Westfalen, Düsseldorf
Internationale Bauausstellung Emscher-Park. Memorandum zu Inhalt und Organisation (o. J.): hrsg. v. Minister für Stadtentwicklung, Wohnen und Verkehr des Landes Nordrhein-Westfalen, Düsseldorf
JARECKI, CH. (1967): Der neuzeitliche Strukturwandel an der Ruhr (= Marburger Geographische Schriften, H. 29), Marburg / Lahn
KILPER, H.; LATNIAK, E.; REHFELD, D.; SIMONIS, G. (1994) (Hrsg.): Das Ruhrgebiet im Umbruch (= Schriften des Instituts für Arbeit und Technik, Bd. 8), Opladen
LÄPPLE, D.: Zwischen gestern und übermorgen. Das Ruhrgebiet – eine Industrieregion im Umbruch. In: Bauplatz Zukunft. Dispute über die Entwicklung von Industrieregionen, S. 37 – 51 (1994): hrsg. v. R. KREIBICH u. a., Essen
LÖBBE, K. (1975): Wirtschaftsstrukturelle Bestandsaufnahme für das Ruhrgebiet (= RWI-Mitteilungen), Jg. 26, 1975, o. O.
Luftfahrttechnik aus Nordrhein-Westfalen (1997): hrsg. v. Minist. f. Wirtschaft u. Mittelstand, Technologie u. Verkehr d. Ld. Nordrhein-Westfalen, Düsseldorf
NEUHOFF, O. (1999): Die Internationale Bauausstellung Emscher Park (IBA) – Plan und Umsetzung in Bottrop. In: geographie heute (170), Mai 1999, S. 44 – 46
RHEFELD, D. (1992): Industrieller Wandel und Netzwerkstrukturen im Ruhrgebiet. Das Beispiel der Umweltschutzindustrie, Typoskript, Institut Arbeit und Technik, Gelsenkirchen
RHEFELD, D. (1994): Auflösung und Neuordnung. Passage – Für Kunst bis Politik, 4, 1994, S. 20 – 26, o. O.
SCHLIEPER, A. (1986): 150 Jahre Ruhrgebiet, Düsseldorf

SCHRADER, M. (1993): Altindustrieregionen der EG. In: SCHÄTZL, L. (Hrsg.): Wirtschaftsgeographie der Europäischen Gemeinschaft, S. 111–166, Paderborn
SCHRADER, M. (1998): Ruhrgebiet. In: Wirtschaftsgeographie Deutschlands, hrsg. v. E. KULKE (= Perthes Geographie Kolleg), S. 435–463, Gotha und Stuttgart
Siebenundzwanzigster Rahmenplan der Gemeinschaftsaufgabe "Verbesserung der regionalen Wirtschaftsstruktur" für den Zeitraum 1998–2001 (2002). Deutscher Bundestag. 13. Wahlperiode, Drucksache 13/9992, 27.2.1998
Städte- und Kreisstatistik Ruhrgebiet 1989 (1990): hrsg. v. Kommunalverband Ruhrgebiet, Essen
Städte- und Kreisstatistik Ruhrgebiet 1998 (1999): hrsg. v. Kommunalverband Ruhrgebiet, Essen
Technologiezentren in Nordrhein-Westfalen. Ergebnisse einer Studie zu Entwicklungen, Leistungen und Perspektiven (1997): hrsg. v. Minist. f. Wirtschaft u. Mittelstand, Technologie u. Verkehr d. Ld. Nordrhein-Westfalen, Düsseldorf

zur Exkursion 4 (Oberhausen):

BASTEN, L. (1998): Die neue Mitte Oberhausen : ein Großprojekt der Stadtentwicklung im Spannungsfeld von Politik und Planung. Basel u. a. (=Stadtforschung aktuell, 67)
BLOTEVOGEL, H. H. (1990): Probleme der Stadtentwicklung in altindustrialisierten Regionen – dargestellt am Beispiel der Stadt Oberhausen (unveröff. Ms.)
Bundesanstalt für Arbeit (1999): Der Arbeitsmarkt in Oberhausen im Dezember 1999. http://www.arbeitsamt.de/oberhausen/statistik/index.html (vom 11.1.2000, 16:09 Uhr)
GÜNTER, J. (1980): Leben in Eisenheim: Arbeit, Kommunikation und Sozialisation in einer Arbeitersiedlung, Weinheim
JOEST, H.-J (1982): Pionier im Ruhrrevier: Gutehoffnungshütte – vom ältesten Montan-Unternehmen Deutschlands zum größten Maschinenbau-Konzern Europas, Stuttgart-Degerloch
Kommunalverband Ruhrgebiet (Hrsg.) (1999): Städte- und Kreisstatistik 1998. http://www.kvr.de/index.html (vom 11.1.2000, 14:02 Uhr)
Kommunalverband Ruhrgebiet (1999): Ergebnisse der Kommunalwahl 1999 in Nordrein-Westfalen. http://www.kvr.de/index.html?page=/der_kvr/aufgaben/index.html (vom 22.9.1999)
KRUSE; W., LICHTE,R. (Hrsg.) (1991): Krise und Aufbruch in Oberhausen. Zur Lage der Stadt und ihrer Bevölkerung am Ausgang der achtziger Jahre, Oberhausen
MORSCH, G. (1990): Eisenheim: Älteste Arbeitersiedlung im Ruhrgebiet. (= Wanderwege zur Industriegeschichte), Köln
REIF, H. (1992): Die verspätete Stadt: Industrialisierung, städtischer Raum und Politik in Oberhausen 1846–1929. Kartenband. (= Schriften des Landschaftsverbandes Rheinland, Rheinisches Industriemuseum, 7), Pulheim

SCHEFFER, J. W. (1989): Aus der Traum. In: Oberhausen '90.
Stadt Oberhausen (Hrsg.) (1995): Statistischer Jahresbericht.

zur Exkursion 5 (Bottrop):

BEIERLORZER, H. (1996): Städtebauqualität vom Rahmenkonzept bis zum Bauprojekt. In: Prosper III – Eine Zechenbrache wird Stadtteil, hrsg. von der Stadt Bottrop, S. 9–15

Boy, Welheim: Integriertes Handlungskonzept. Ein Stadtteil im Umbruch (1988): hrsg. v. Stadtplanungamt in Zusammenarbeit mit dem Referat für Öffentlichkeitsarbeit, Wirtschaftsförderung und Marketing der Stadt Bottrop

DICKMANN, U. (1996): Historischer Rückblick. In: Prosper III – Eine Zechenbrache wird Stadtteil, hrsg. v. der Stadt Bottrop, S. 7–8

Die Internationale Bauausstellung Emscher Park in Bottrop. Projekt im Rahmen der Internationale Bauausstellung Emscher Park (1993): hrsg. v. Internationale Bauausstellung Emscher Park, Essen

GANSER, K. (1990): Die Vision vom grünen Park entlang der Emscher. Schulbuchinformationsdienst Ruhrgebiet, Januar 1990, Nr. 6, hrsg. v. Kommunalverband Ruhrgebiet (KVR), Essen

Hüls (o. J.): Auslobungstexte zur Wiederaufbereitung der Flächen der Hüls AG in Bottrop , hrsg. v. Stadt Bottrop

Internationale Bauausstellung Emscher Park (1990): Stadt Bottrop. Emscher Park Wettbewerbe, 5. Städtebaulicher Realisierungswettbewerb zur Reaktivierung der Zechenbrache Prosper III in Bottrop, hrsg. v. d. Gesellschaft Internationale Bauausstellung Emscher Park mbH und d. Stadt Bottrop, Gelsenkirchen

Internationale Bauausstellung Emscher Park (1990): Stadt Bottrop. Emscher Park Wettbewerbe, 6. Beschränkter Realisierungs-Wettbewerb Arenberg-Fortsetzung "Bottrop", Gesellschaft Internationale Bauausstellung Emscher Park mbH, Gelsenkirchen

Kläranlage Bottrop (1997): hrsg. v. d. Emschergenossenschaft, Essen

NEUHOFF, O. (1999): Die Internationale Bauausstellung Emscher Park (IBA): Plan und Umsetzung in Bottrop. In: geographie heute, H. 170/1999, S. 44–46

Prosper III – Eine Zechenbrache wird Stadtteil (1996): hrsg. vom Stadtplanungsamt der Stadt Bottrop

WALLMANN, N. (1996): Projektkoordination. In: Prosper III – Eine Zechenbrache wird Stadtteil, hrsg. v. d. Stadt Bottrop, Stadtplanungsamt, Bottrop, S. 34–37.

zur Exkursion 10 (IBA Emscher Park):

DETTMAR, J.; GANSER, K. (Hrsg.) (1999): "IndustrieNatur – Ökologie und Gartenkunst im Emscher Park.", Stuttgart

HOPPE, W.; KRONSBEIN, S. (Hrsg.) (1999): Landschaftspark Duisburg-Nord, Duisburg

Internationale Bauausstellung Emscher Park (Hrsg.) (1999): "Katalog der Projekte 1999", Gelsenkirchen

KÖLLNER, A. (1999): "Industrienatur im Landschaftspark Duisburg-Nord", Essen

zur Exkursion 12 (Düsseldorf):

FRIEDMAN, J. (1986): The World City Hypothesis. In: Development and Change (17), S. 69–83, o. O.

GLEBE, G.; SCHNEIDER, H. (Hrsg.) (1998): Lokale Transformationsprozesse in der Global City. Düsseldorf-Oberbilk - Strukturwandel eines citynahen Stadtteils. Düsseldorf (= Düsseldorfer Geographische Schriften, 37)

SASSEN, S. (1991): The Global City: New York, London, Tokyo. Princeton

SENNETT, R. (1995): Fleisch und Stein. Der Körper und die Stadt in der westlichen Zivilisation, Berlin

zur Exkursion 14 (Sauerland und Münsterland):

GÜNTHER, K. (1961): Vorgeschichtliche Funde aus den Westfälischen Höhlen. In: Karst und Höhlen in Westfalen und Bergischem Land. Hagener Beiträge zur Geschichte und Landeskunde, H. 3, Hagen

KÖRBER U. (1956): Morphologie von Waldeck und Ostsauerland. Der Nordostrand des Rheinischen Schiefergebirges. Mitteilungen d. Geographischen Gesellschaft Würzburg

THOMÉ, K. N. (1968): Erläuterungen zu Blatt 4615 Meschede. Geologische Karte Nordrhein-Westfalen 1 : 25 000, Krefeld

THOMÉ, K. N. (1974): Grundwasserhöffigkeiten im Rheinischen Schiefergebirge in Abhängigkeit von Untergrund und Relief. Fortschritte der Geologie in Rheinland und Westfalen, 20, S. 259 – 280, Krefeld

THOMÉ, K. N. (1980): Der Vorstoß des nordeuropäischen Inlandeises in das Münsterland in Elster- und Saale-Eiszeit. In: Westfälische Geographische Studien, 36: Quartärgeologie, Vorgeschichte und Verkehrswasserbau in Westfalen. Geographische Kommission für Westfalen, S. 21 – 40, Münster

zur Exkursion 16 (Umweltprobleme im Ruhrgebiet):

BRÜGGEMEIER, F.-J.; ROMMELSPACHER, TH. (1992): Blauer Himmel über der Ruhr – Geschichte der Umwelt im Ruhrgebiet 1840 – 1990, Essen

Geographisches Institut der Ruhr-Universität Bochum; Kommunalverband Ruhrgebiet (Hrsg.) (1993): Vor Ort im Ruhrgebiet - ein geographischer Exkursionsführer, Essen

HERMANN, W.; HERMANN, G. (1990): Die alten Zechen an der Ruhr, Königstein/Ts.

IMHOFF, K. R. (1990): Flußsedimente – Ausbaggerung der Ruhrseen. Wasser + Boden 10/1990, S. 649 – 655

KUROWSKI, H. (1993): Die Emscher – Geschichte und Geschichten einer Flußlandschaft, Essen

Verkehrsverein Witten (Hrsg.) (o. J.): Bergbaurundweg Muttental